KEXUE SHIFEI

KEPU ZHISHI YIBENTONG

科学施肥

科普知识一本通

主编　曲明山　赵英杰　李　婷

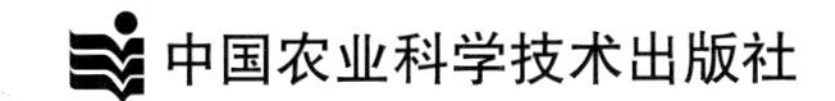

图书在版编目（CIP）数据

科学施肥科普知识一本通 / 曲明山，赵英杰，李婷主编 . -- 北京：中国农业科学技术出版社，2023.7（2024.11重印）

ISBN 978-7-5116-6357-3

Ⅰ. ①科… Ⅱ. ①曲… ②赵… ③李… Ⅲ. ①施肥 - 技术 - 手册 Ⅳ. ① S147.2-62

中国国家版本馆 CIP 数据核字（2023）第 125660 号

责任编辑 张志花
责任校对 王 彦
责任印制 姜义伟 王思文

出 版 者 中国农业科学技术出版社
北京市中关村南大街 12 号 邮编：100081
电 话 （010）82106636（编辑室） （010）82109702（发行部）
（010）82109709（读者服务部）
网 址 https://castp.caas.cn
经 销 者 各地新华书店
印 刷 者 北京捷迅佳彩印刷有限公司
开 本 170 mm × 240 mm 1/16
印 张 8
字 数 145 千字
版 次 2023 年 7 月第 1 版 2024 年 11 月第 2 次印刷
定 价 50.00 元

《科学施肥科普知识一本通》

编 委 会

主 任 杨立国 朱 莉 田有国 孟祥乐

主 编 曲明山 赵英杰 李 婷

副主编 聂 青 赵 懿 韩 宝 刘立娟

张卫东 李志强 王志平

编 者 石 然 张全刚 李 辉 江 姣

石颜通 赵海康 赵 跃 雷伟伟

刘 佳 张子鹤 吕 洋 赵 静

赵 龙 吴万军 崔腾飞 周明源

张 宁 孙思伟 肖 婷

目　录

第一章　肥料与施肥技术概况

第一节　肥料的历史演变进程

施肥是农业生产中提高作物产量和品质的关键手段之一，化肥作为粮食的“粮食”，是现代化工和农业科学技术高效互促的产物，支撑着50%的农产品产量，用掉了50%的农业生产投入，养活了目前地球上50%的人口，支撑了土壤和资源的可持续发展。随着人类文明的进步和农业技术的发展，施肥技术不断改进，从欧洲1800年生产硫酸铵开始，经过220余年的发展，化肥已经形成了完整的研、产、供、销、用体系，完全可以为粮、菜、果等农产品提供氮、磷、钾、钙、镁、硫、铁、锰、铜、锌、硼、钼、氯等必需的矿质态营养元素以及硅等有益元素。自化肥施用以来，人口连续翻番，营养水平不断提高，生活质量大幅提升，人类文明进步呈现指数级增长，彻底突破了传统农业依赖于地力自然恢复的瓶颈。

一、国外肥料工业的历史演变

（一）化肥在国外的发展

化肥起源于欧洲，是工业革命的产物，发展顺序为氮肥、磷肥、钾肥、氮肥和复混肥料，在过去的200多年，化学肥料经历了从无到有，从单一品种到多个品种，从低养分浓度向高浓度的快速发展。1800年，英国率先从工业炼焦中回收硫酸铵作为肥料；1809年，智利发现硝石（硝酸钠），氮肥最早被用于农业；1840年，德国农业化学家李比希（Liebig）提出了“矿质营养理论”，为化肥的生产与应用奠定了科学的理论基础；1842年，英国人劳斯（John Bennet Lawes）取得骨粉加硫酸制造过磷酸钙的专利权，开创了至今180余年的磷肥施用历史；1843年，英国科学家劳斯在英国伦敦北部的哈彭登镇创建了洛桑试验站，并安排肥效长期定位试验，开始了科学施肥技术的探索历程；1861年，在德国施塔斯富特（Stassfurt）地区开采出光卤石钾盐矿，从盐水中提取出了氯化钾，建立了钾肥工业；1867年，在美国和世界其他地方均发现了磷矿石；1907年，重过磷酸钙实现了商业化生产，揭开了高浓度磷肥发展的历史序幕；1909年，德国发明了现代合成氨工艺，德国科学家哈伯（Fritz Haber）和博施（Carl Bosch）合作利用氮气和氢气在高温高压和催化剂条件下直接合成了氨，实现了化肥的充足供应；1913 年，在德国建立了第一个合成氨工厂，开创了化学合成肥料的时代。随后，人们开始研究和生产合成尿素、硝酸铵等化学合成肥料，大大提高了农作物的产量。化学合成肥料的出现使肥料工业迈入了新的阶段。1918 年，哈伯因发明了合成氨技术，获得诺贝尔化学奖；1922 年，尿素在德国开始商业化生产；1928 年，挪威实现了硝酸磷肥的工业化生产；1930 年，英国帝国化学工业公司（Imperial Chemical Industries Ltd.）以磷酸铵为基础生产出了世界上第一个颗粒化学肥料产品，同一时期美国开始生产磷酸一铵；1931 年，博施因改进了高压合成氨的催化方法，实现了工业化生产，获得诺贝尔化学奖；1954 年，首次工业化生产磷酸二铵；1958 年，加拿大萨斯克彻温省（Saskatchewan）钾盐矿得到成功开发，建立了全球最大钾肥生产基地，被称为世界钾矿之都；2007 年，埃特尔（Gerhard Ertl）因发现合成氨的作用机理获得诺贝尔化学奖。

（二）有机肥料及微生物肥料在国外的发展

肥料的最早施用可能起源于新石器时代，当时人们利用粪尿和草木灰来肥田。在过去的几千年里，有机肥料经历了以下阶段：①粪尿、杂草等直接还田施用；②兽骨、蚕沙、粪尿、杂草等多种有机肥料来源，以及出现简单的堆沤处理技术。目前，已经形成了来源丰富、工艺成熟、加工处理技术多样化的现代有机肥料产业，成为肥料产业不可缺少的重要一环。公元前 900—前 700 年，希腊诗人荷马（Homer）在《奥德赛》史诗中提到了利用污泥、垃圾、草木灰作粪肥。20 世纪初，国外开始利用垃圾、人粪尿、污水、污泥、树叶、秸秆等混合物料，在地下深沟搅拌发酵堆肥，此后荷兰、丹麦等国家开始大力发展堆肥技术，形成了现代的发酵堆肥技术，有力推动了现代堆肥的发展。

相比我国有机肥料的发展，国外有机肥料发展较为落后，但其在微生物肥领域发展较为领先。在微生物肥料发展过程中，首先出现的是以根瘤菌为主的营养型微生物菌剂，接着是提高磷、钾等养分利用效率的微生物菌剂兴起，后来是具备多菌种、多功能（如促进营养吸收和抑制病虫害等）的生物菌剂的快速发展。1838 年，法国农业化学家布森戈（Jean Baptiste Boussingault）发现了豆科植物能固定氮。50 年后，荷兰学者贝叶林克（Martinus Willem Beijerinck）第一次分离了根瘤菌，这是微生物肥料发展的突破。1896 年，诺比（Friedrich Nobbe）和希尔纳（Lorenz Hiltner）在美国获得了根瘤菌剂“Nitragin”专利产品，1905 年，开展了根瘤菌生物肥料在农业生产上的应用，取得了很好的效果，开创了微生物肥料应用的先河。1937 年，苏联微生物学家克拉西尼科夫和密苏斯金研制了固氮菌剂。20 世纪 80 年代，可高效溶解无机磷的青霉菌在加拿大被发现，并于 1988 年生产出了专门的微生物肥料产品，在加拿大西部草原地区实现了增产 6% ~ 9%。同样在 20 世纪 80 年代，日本研制出了 EM（effective microorganisms，复合微生物）菌剂。进入 21 世纪，美国科学家萨兰塔科斯（George Sarantakos）研制出了 E-2001 土壤改良剂，这是多菌种、多功能的生物活性产品，在全球多个国家广泛使用，并在我国获得正式登记使用。目前，全球有 100 多个国家和地区研究、生产和应用微生物肥料，这些国家和地区主要是美国、巴西、欧盟、澳大利亚等。

（三）新型肥料在国外的发展

工业和农业科技的进步，对肥料发展提出了新的要求，不断涌现出许多新型肥料，其中具有代表性的有缓控释肥料、稳定性肥料、水溶肥料等，主要是为了提高肥料养分利用效率和降低不合理施肥带来的环境负面效应。

20 世纪初提出了缓释肥料的概念，到 20 世纪 30—40 年代，合成缓释氮素产品在欧洲和美国开始试验研究。1955 年，美国开始商业化生产脲甲醛肥料；1961 年，美国研制出了硫包衣尿素，带动了肥料包膜技术的兴起；在此期间，高分子材料得到快速发展，使高分子聚合物包膜材料成为缓控释肥料的研究热点。至此，形成了目前在缓控释肥料上的三大类：脲醛肥料、硫包衣尿素和聚合物包膜肥料，其中应用较多的是硫包衣尿素。

稳定性肥料是在肥料中通过一定工艺加入硝化抑制剂和（或）脲酶抑制剂，减少氮素在施用后的损失，其核心技术是抑制剂。20 世纪 50 年代中期，美国开始硝化抑制剂的制备研究，到 20 世纪 90 年代进入了快速发展阶段。脲酶抑制剂的研究起源于 20 世纪 60 年代，到 80 年代后有 70 余种可应用的脲酶抑制剂。

水溶肥料的发展起源于 20 世纪 20 年代，主要是叶面肥料的开发，利用溶解性高的无机盐来生产。到 20 世纪 60 年代后，开始出现了中微量元素肥料，以螯合态微量元素为主，再到 80 年代，水溶肥料向多元化发展，市场上出现了含有多种营养元素、生物活性物质等的产品。

除此之外，近 20 年来，市场上出现了许多新型肥料产品，如含海藻酸、腐植酸、鱼蛋白、甲壳素等的有机水溶肥料，肌醇等玉米淀粉提取物，以及纳米肥料等，这些肥料对于提高植物根系活力，促进植物抗旱、耐盐碱、抗低温冷害，改善作物品质发挥了很大作用。

（四）国外肥料工业未来发展趋势

随着人们环境保护意识的增强和可持续发展的要求，国外肥料工业开始注重降低对环境的影响和资源的可持续利用。发展绿色肥料和有机肥料成为一个重要的方向。同时，肥料工业也开始注重减少氮肥和磷肥的过量施用，以减少对土壤和水体的污染。随着科技的不断进步和数字化技术的应用，国外肥料工业正朝着智能化和数字化转型，通过精准施肥和数据分析，提高肥料利用率和农业生产效益。同时，也加强了肥料工业与农业科技研究的合作，推动肥料工业的创新发展。

值得一提的是各个国家和地区的肥料工业发展情况存在差异，如下面这两个国家。

美国：美国是世界上最大的肥料生产国和消费国之一。在 20 世纪初至中期，美国肥料工业得到了快速发展，特别是化学合成肥料的生产。随着科技进步和技术创新，美国肥料工业实现了规模化生产和高效利用。此外，美国肥料工业也注重环境保护和可持续发展，推动研发和施用环保型肥料。

荷兰：荷兰是推动欧洲肥料工业的重要国家之一。荷兰的肥料工业主要集中在氮肥、磷肥和钾肥的生产和出口。荷兰肥料工业注重科技创新和高效生产，倡导绿色肥料和有机肥料的施用。此外，荷兰肥料工业还与农业科研机构和农民合作，推动精准施肥和可持续农业发展。

二、我国肥料的发展历程

（一）封建时代的肥料发展历程

我国肥料的最早施用可能起源于新石器时代，当时人们利用粪尿和草木灰来肥田。我国古人对土地施肥的记载可追溯到商朝，有施用人工粪肥的史料证据，而且有专门储存人畜粪便的地方。陈文华《中国农业通史（夏商西周春秋卷）》中记载了西周时期因地制宜对粪肥和绿肥的施用，使得一部分先前要定期休耕以恢复地力的田地变成了可以连年种植的“不易之地”，在《诗经·周颂·良耜》中记载了西周时期用肥养地的方法，“荼蓼朽止，黍稷茂止”，就是利用杂草还田腐烂促进黍稷生长。春秋战国时期，粪肥的利用备受重视，有“百亩之粪”“地可使肥”“多粪肥田”“多用兽骨汁和豆萁做肥料”等记载，粪肥是增加粮食产量的重要措施之一，当时肥料种类主要有淤肥、粪肥、绿肥和灰肥。

焦彬《论我国绿肥的历史演变及其应用》把我国古代绿肥利用和栽培过程分为 4 个阶段：绿肥的萌芽阶段，栽培绿肥的应用阶段，绿肥学科体系初建阶段，绿肥生产向广度、深度发展的阶段。

在历史长河中，我国很长时期处于古老农业大国的地位。劳动人民在长期的生产实践中积累了大量的用地与养地相结合的耕种传统。在农书《氾胜之书》《齐民要术》《王祯农书》《沈氏农书》《农政全书》等中，对当时的肥料发展作了很多描述，较为详细地记载了有机肥料的原料、积制、施用方法等。公元前1世纪，在《氾胜之书》中记载了“骨汁使稼耐旱”，这是目前已知的最早记载的兽骨肥料。宋、元时期肥料技术的发展在《陈旉农书》与《王祯农书》中有记载，陈旉的“治之各有宜”“用粪犹用药”“地力常新壮”与王祯的“惜粪如惜金”“变恶为美”等观点的提出，把我国古代关于土壤与肥料的知识推向更高的水平。肥料种类比之前朝代明显增加，已有60余种，主要来源有绿肥、杂草、秸秆、河泥、垃圾、大粪与其他杂肥；肥料积制的方法主要有踏粪法、火粪法、沤粪法、发酵法、井厕、粪屋与粪车。

明、清时期，随着稻麦二熟、一岁数收技术的进一步普及，加上经济作物种植的扩大，农业生产对地力的消耗越来越大，为了补偿地力，农民“惜粪如金”，利用一切可以利用的东西来肥田，徐光启记载了大约有120种可以被用作肥料的物质，粪尿、罱泥以及饼肥这3种肥料在当时应用广泛，《宝坻劝农书》中记载了“蒸粪法、煨粪法、酿粪法、窖粪法”等积造肥料方法。这种施用有机肥料的培肥土壤技术，为几千年来文明古国的生存提供了基本的农业生产保障，至今在国内外仍有很大的影响力。

（二）中华人民共和国成立后肥料工业发展历程

古代农耕时期的施肥方法主要依赖有机肥料和矿物肥料，如动物粪便、植物残渣、石灰和石粉等。随着人口的增长和农业发展的需要，化学肥料的发现和应用成为重要的转折点。化学肥料的出现为农业生产提供了更为方便和高效的养分补给手段。1901年，氮肥由日本传入我国台湾，开创了我国施用化肥的新纪元；1905年，氮肥传入我国，中华人民共和国成立前我国只有大连化学厂和南京永利铔厂生产化肥，产品也只有硫酸铵。1949年中华人民共和国成立以来，党和国家高度重视化肥工业，化肥产业迅速发展。氮、磷、钾肥料的发展顺序是由不同时期土壤养分关键限制因子决定的，经历了先氮肥，后磷肥，再钾肥，复混肥、水溶肥的发展历程，在20世纪30—50年代，土壤普遍缺氮，施用氮肥增产效果显著，开始大力发展氮肥工业，促进氮肥应用；在20世纪60—80年代，发现施用磷肥增产效果显著，开始发展磷肥工业；到20世纪70年代开始广泛研究钾肥和微量元素肥料，促进了其生产与应用;到20世纪80年代开始生产复混肥料，之后我国肥料工业进入了快速发展阶段，逐步实现了从产品进口到自主生产和部分出口、从单一品种到多样化品种、从低浓度到高浓度肥料的转变，极大满足了农业生产中对化学肥料消费的需求。

在中华人民共和国成立初期，进口化肥生产装置和材料很困难。秉承“自力更生、自给自足”的原则，我国开始了艰苦的化肥研发生产之路。侯德榜等老一辈科学家自20世纪50年代开始，历经多年努力，研发了具有中国特色的化肥技术——“联碱法”，用来制取碳酸氢铵，建成自主创新的现代化氮肥工业体系；磷肥工业过磷酸钙—钙镁磷肥—硝酸磷肥—磷酸铵—复合肥的过程整整摸索了半个世纪；钾肥工业从1956年在青海察尔汗盐湖找矿开始，直到21世纪初研发成功“反浮选－冷结晶”工艺后，才开始大规模生产；复混肥料工业从20世纪90年代初期开始引进美国、法国等国外技术，到低温转化、滚筒工艺、高塔造粒等国产化技术的相继成功并实现工业产业化，历经30余年一代复混肥料工作者的努力达到目前的工业水平。

20世纪50年代中期，苏联援建吉林、兰州、太原5万吨合成氨、9万吨硝酸铵装置建成投产，同时我国自行设计建成了年产7.5万吨合成氨的四川化工厂，60年代又在河南开封、云南解化、河北石家庄、安徽淮南、贵州剑江等地建设工厂，还从英国和意大利引进技术，建设了泸州天然气化工厂和兴平化肥厂，此时建设的主要是中型氮肥厂；1957年在青海察尔汗盐场，利用盐湖中的光卤石研制出第一批50%的KCl，从此翻开了我国生产钾肥的历史，经过漫长的探矿过程和产品开发阶段，直到20世纪80年代末才基本摸清盐湖资源，提出可行性的开发技术；1958年，在南京和太原分别建成粒状过磷酸钙厂并投产；1960年，中国广州氮肥厂开发出了“浓酸矿浆法”过磷酸钙生产新工艺并实现工业化生产；1963年，我国自行研制开发成功用高炉法生产钙镁磷肥，随后各地纷纷利用大炼钢铁时闲置的高炉生产钙镁磷肥，此时磷肥产品主要为低浓度磷肥。

1960年，我国化学家侯德榜领导开发的合成氨联产碳酸氢铵工艺在丹阳化肥厂投产，由此创建了小氮肥厂的模式。1966年后小氮肥厂迅猛发展，到1979年，全国共建成了1 533个小氮肥厂，那时，小氮肥厂在保障我国化肥供应方面发挥了重要作用。

1973—1976年，国家利用自有外汇从国外引进了具有世界先进水平的13套大型合成氨、尿素装置，分别建在四川、黑龙江、辽宁、山东、湖南和湖北等地，到1979年全部建成投产，迅速提高了我国氮肥工业的技术水平和尿素比例，成为后期氮肥行业的骨干企业。

在20世纪80年代末开始至90年代中期，建设了一批大中型氮肥装置，新建了12套大氮肥装置，对8套中氮肥装置实施了技术改造。“九五”计划时期，化肥工业由计划经济向市场经济过渡，此时新建项目较少，主要是老厂技术改造与产品结构调整，小氮肥厂的数量减少，产量达到 3 万吨，大多中型厂总规模达到年产 15 万吨以上，部分中型厂总规模与大氮肥厂相同。2000 年以来，氮肥行业主要是进行原料和动力结构调整，兼并重组和企业扩张。以油为原料的大氮肥企业大多改造为以煤为原料，降低了成本，提高了综合利用效率。建设了年产 30 万吨以煤为原料的大氮肥国产化示范工程，大大提高了我国氮肥工业的技术水平，降低了装置投资，探索了一条国产化大化肥的发展道路。国内氮肥工业兼并重组也风起云涌，诞生了产能达到数百万吨甚至千万吨的企业集团。

从 20 世纪 80 年代中期开始利用察尔汗盐湖卤水采用“反浮选－冷结晶”工艺，在青海钾肥厂建设氯化钾生产装置，到 1990 年，年产能达到 25 万吨，2004 年，年产能新增 150 万吨。

从 20 世纪 80 年代起，国家和地方大力发展高浓度磷复肥。采取国外引进和自主开发并举，从国外引进技术和设备，建设了 15 家大、中型高浓度磷复肥厂，包括安徽铜陵、江西贵溪、云南宣威、云南红河、湖北黄麦岭、甘肃金昌、广西鹿寨 7 家磷酸二铵厂；江苏南化、辽宁大化、河北中阿、广东湛江 4 家复肥厂；山西天脊硝酸磷肥厂；贵州宏福、湖北荆襄、云南大黄磷 3 家重过磷酸钙厂，这些厂的建成，使我国高浓度磷复肥的产能、产量、技术和装备水平大为提高，缩小了与国外先进水平的差距，这些厂中许多成为后来我国大型磷复肥的生产基地。在自主开发方面，1966 年建成南化年产 3 万吨磷酸二铵装置，1976 年建成广西年产 5 万吨热法重过磷酸钙装置，1982 年建成云南年产 10 万吨重过磷酸钙装置，此后，料浆法磷酸铵、硫基复合肥、团粒法复混肥、熔体法复混肥等国产化技术相继开发成功并实现工业产业化，至此，肥料市场琳琅满目的新型肥料产品不断涌现，磷复肥产业向着生产清洁化、产品功能化、工艺低能耗等方向不断发展。

由于技术和装备的不断更新加强，氮肥、磷复肥行业快速发展，产能不断提升。自 2008 年起，我国氮肥、磷复肥产能由自给转为过剩，与多年以前化肥产品的供不应求相比，此时化肥产品供给端产能严重过剩，化肥工业的发展面临一个新的局面。截至 2018 年底，全国合成氨年产能 6 689 万吨，磷肥总产能 2 350 万吨。

微生物肥料：我国微生物肥料研发最早开始于 20 世纪 50 年代的根瘤菌制剂，60 年代主要推广应用了“5406”放线菌抗生菌肥料，70—80 年代中期开始研究菌根真菌，但这些研究一直没有得到很好的应用。到 20 世纪 90 年代，相继推出了联合固氮菌肥、硅酸盐菌剂、植物根际促生细菌（PG-PR）制剂等，并得到了很好的应用。目前，微生物肥料在我国发展迅速，主要应用于蔬菜、果树、中草药等经济作物上，尤其是在防治病害方面有大量的微生物肥料产品出现在市场上，如含有芽孢杆菌、霉菌等生物菌剂的产品。

缓控释肥料、稳定性肥料、水溶肥料等新型肥料：我国缓控释肥料的研究与应用要远晚于其他国家，聚合物包膜在2000年以后开始发展，大多处于研究阶段，在生产上应用较少；我国于20世纪60年代起开始研究硝化抑制剂，70年代中期开始研究脲酶抑制剂，80年代初期生产出的含有脲酶抑制剂的缓释尿素产品应用到大田作物上，90年代研制了涂层尿素，并开始向长效碳酸氢铵产业化发展，21世纪初，复合型抑制剂肥料产品开始商业化生产；我国水溶肥料的发展与世界基本同步，20世纪50年代开始叶面肥料的研发，到80年代形成了养分与助剂的复合体系，但仍以大量元素为主，并在生产中得到了很好的应用，到90年代后，随着灌溉技术的发展，市场对水溶肥料的需求激增，多营养与多功能水溶肥料不断推向市场，从2005年开始，实施水溶肥料登记管理，水溶肥料在市场上兴起。

2015年，农业部出台《到2020年化肥使用量零增长行动方案》，提出到2020年，我国主要农作物化肥使用量要实现零增长；2015年，《工业和信息化部关于推进化肥行业转型发展的指导意见》发布，明确我国化肥产业的发展目标和发展方向。一方面，化肥行业的产能严重过剩；另一方面，随着行业的快速发展，环保问题让企业面临着巨大压力。

我国是世界上最大的肥料生产国和消费国。我国肥料工业经历了从初期的有机肥料到化学合成肥料的转变，并实现了规模化生产和技术升级。随着农业现代化的推进，我国肥料工业注重研发环保型肥料、含生物刺激素类肥料等新型肥料，新型肥料在我国发展迅速，品种繁多，提高肥料利用率和农业生产效益效果显著，支撑着我国农业高质量发展，引领世界新型肥料产业发展。

第二节　施肥技术的发展概况

随着科技的进步和农业的发展，世界科学施肥发展大概经历了3个阶段：一是1843年至20世纪中叶，以产量为目标的科学施肥时期；二是20世纪中叶至80年代，以产量和品质为目标的科学施肥时期；三是20世纪90年代至今，以产量、品质和生态为目标的科学施肥时期。在现阶段，人们对肥料施用存在的正负两方面作用有了更加深刻的认识：肥料既是作物高产优质的物质基础，又是潜在的环境污染因子，不合理施肥就会污染环境。施肥既要考虑各种养分的资源特征，又要考虑多种养分资源的综合管理、养分供应和需求以及施肥与其他技术的结合。

一、国外施肥技术的历史演变

国外施肥技术起源于对植物营养学理论的探索，最早是从西欧开始的。植物营养学从零散的经验和现象描述到揭示机理，最后建立起完整的学科体系，经历了植物营养研究的古典时期（19 世纪）、新古典发展时期（20 世纪前半叶）和现代植物营养快速发展时期（20 世纪 50 年代以后）。当前植物营养面临农业绿色发展挑战，植物营养学科与其他学科不断相互渗透，并和产业发展紧密结合，已逐渐发展形成一门体系更为完整、内容更加丰富，并具有现代高新科技特点的学科。

（一）植物营养的早期探索

尼古拉斯（Nicholas of Cusa，1401—1464）是第一个从事植物营养研究的人，他认为植物从土壤中吸收养分与吸收水分的某些过程有关，但未提供试验数据。之后，伯纳特·贝利希（Bernard Palissy，1510—1589）提出盐分学说，他认为植物养分来自土壤中的盐分，不过他提到的盐分区别于现代对盐分的认识，但他的理论并未得到同时代科学家的支持。

海尔蒙特（Jan van Helmont，1579—1644）于 1640 年在布鲁塞尔进行了著名的柳条试验。他在一个装有 200 磅土（烘干土，90.72 千克）的陶土盆中，插上一枝 5 磅（2.27 千克）重的柳条，除浇水外不添加任何物质，并在盆上盖上带有气孔的马口铁板，以防止其他物质落入。连续生长 5 年后，柳条长成了 169 磅（76.66 千克）重的柳树（未计算秋天落叶的质量），而土壤质量几乎没有显著变化。由于他没有认识到柳树可以从大气中摄取碳素，以及从土壤中获得所必需的营养元素，因此，他得出的结论是柳树增重是由于水，土壤的作用仅仅是水分的储存库和供应库。尽管他的结论并不正确，但其重要功绩在于将科学试验方法引入植物营养研究。之后，波义尔（Robert Boyle，1627—1691）曾用南瓜和黄瓜做过类似的试验，同样认为植物营养来自水的转化。之后有人用雨水、河水和下水道的污水培养植物，在含有泥沙的河水中植物生长比在雨水中好，在污水中生长得更好，说明土和盐都有作用。还有人发现硝土也能促进植物的生长。

索秀尔（Nicholas-Theodore de Sau-ssure，1767—1845）采用精确的定量方法，在测定了空气中的 CO_2 含量以及在 CO_2 含量不同的空气中所培养的植物体内的碳素含量以后，证明植物体内的碳素来自大气中的CO_2，而不是土壤中的腐殖质，是植物同化作用的结果。同时，他充分确定了水分在植物营养中的直接作用，并认为植物的灰分来自土壤。至此，海尔蒙特柳条试验的问题才得到澄清。他对植物灰分进行了精细的定量分析，发现植物年龄不同灰分的成分也不同，土壤中不同灰分含量也有差异。他证明了矿质元素不是偶然进入植物体的，而是由于植物营养需要，对其进行选择性吸收的结果。

19世纪初期，欧洲十分流行德国学者泰伊尔（Albrecht von Thaer，1752—1828）的腐殖质理论。他认为，植物碳来自土壤而不是大气；土壤肥力取决于腐殖质的含量，腐殖质是土壤中唯一的植物养分来源，而矿物质只是起间接作用，以加速腐殖质的转化和溶解，使其变成易被植物吸收的物质。这一学说当时在欧洲曾风行一时，但也有不少学者持反对意见。

法国的农业化学家布森戈（1802—1887）是采用田间试验方法研究植物营养的创始人。1834年，他在自己的庄园里创建了世界上第一个农业试验站。他采用索秀尔的定量分析方法，研究碳素同化和氮素营养问题。他运用田间试验技术，并首先把化学测定方法从实验室运用到田间试验中，提高了人们对氮素营养的认识。他确认豆科作物可以利用空气中的氮素，并能提高土壤的含氮量，指出了豆科植物在轮作中的重要性；谷类作物则不能利用空气中的氮素，只能吸收土壤中的氮素，并使之不断减少。布森戈对氮素营养的见解至今仍具有重要意义。一直到50多年后的1888年，德国学者赫里格尔（Herman Hellriegel）和威尔法特（Hermann Wilfarth）才揭示了豆科植物增加土壤氮素的原因是根瘤菌的作用。

不少科学家曾用溶液培养方法研究过植物营养，例如，1699年伍德沃德（John Woodward）用含有不同矿物质的营养液和纯水进行比较，首次证明了矿质养分对植物营养的重要性。塞内比尔（Jean Senebier）发现植物死于不流动的水中，这是一个溶液培养试验的重要实践。后来萨克斯（Julius von Sachs）强调了在溶液培养中根系适当通气的重要性。索秀尔也用溶液培养方法开展了植物营养研究。

（二）植物营养学的建立

李比希是德国著名的化学家，国际公认的植物营养科学的奠基人。他于1840年在英国伦敦有机化学年会上发表了题为《化学在农业和生理学上的应用》的著名论文，提出了植物矿质营养学说，否定了当时流行的腐殖质营养学说，自此开创了植物营养的科学新时代。他指出，腐殖质是在地球上有了植物以后才出现的，而不是在植物出现以前，因此，植物生长所需要的原始养分只能是矿物质，这就是矿物质营养学说的主要论点。他进一步提出了养分归还学说，他指出：植物以不同的方式从土壤中吸收矿质养分，使土壤养分逐渐减少，连续种植会使土壤贫瘠，为了保持土壤肥力，就必须把植物带走的矿质养分和氮素以施肥的方式归还给土壤，否则由于不断地栽培植物，势必会引起土壤养分的损耗，而使土壤变得十分贫瘠。养分归还学说对恢复和维持土壤肥力有积极意义。李比希提出的矿质营养学说是植物营养学新旧时代的分界线和转折点，它使得植物营养学以崭新的面貌出现在农业科学的领域之中。

1843 年，李比希在《化学在农业和生理学上的应用》第 3 版中提出了“最小养分律”。这一理论也被德国一些科学家认为是 Sprengel–Liebig 理论。这是因为与李比希同时代的德国科学家斯普伦格尔（Car Sprengel）(1787—1859）也提到过同样的理论。该理论的中心意思是，作物产量受土壤中相对含量少的养分所控制，作物产量的高低随最小养分补充量的多少而变化。“最小养分律”指出了作物生长与养分供应上的矛盾，表明施肥应有针对性，这一卓越见解对指导农业生产至今仍具有重要作用。

李比希最初的功绩在于他总结了前人有关矿质元素对植物生长重要性方面的零散报道，并把植物矿质营养确定为一门科学。1843 年以后，李比希与他的学生们陆续开展了化肥研制、田间试验等大量工作，为化肥的广泛施用奠定了基础，促进了化肥工业的兴起，为近代化学肥料的生产和应用奠定了理论基础。

值得提及的是，1842 年英国洛桑农业试验站创始人劳斯（1814—1901）取得制造过磷酸钙的专利，第 2 年采用兽骨加硫酸制成过磷酸钙，成为磷肥工业发展的先锋。劳斯和吉尔伯特（Joseph Gilbert，1817—1901）都是李比希的学生，他们在英国洛桑农业试验站开创的肥料试验系统研究工作一直延续至今。与此同时，法国发现钾盐矿，开始生产钾盐并用于农业。德国科学家哈伯（Fritz Haber）和博施（Carl Bosch）于 1909 年合作利用氮气和氢气在高温高压和催化剂条件下直接合成了氨，并于 1913 年在德国建立了第一个合成氨工厂。至此，矿质营养学说的建立使得维持土壤肥力的手段，从施用有机肥料向施用化学肥料转变。李比希的矿质营养学说促进了化肥工业的发展，并推动了传统农业向现代农业的转变，具有划时代的意义。

李比希是一位伟大的科学家，在许多科学领域产生了深远的影响。他把化学上的成果进行了高度的理论概括，成功地运用到农业、工业、政治、经济、哲学等各个领域，并特别用于解决农业生产实际中的问题。李比希不仅是一位科学家，而且也是一位推行新教学法的教育家。他改变了当时只鼓励学生从书本中去求知的方法，提倡和鼓励学生从实践中去学习。他教会学生使用仪器，并和他们一起进行科学研究。他强调通过实践去观察，从而检验某些观念是否可靠，某些结果是否正确，并且进一步提出新的概念，而后再做进一步观察，获得新的发现。李比希的许多学生后来都成了著名的研究者和导师。后人从李比希倡导的“通过研究来教育”的独特风格中获得了极大的启发和教益。

李比希提出的“养分归还学说”和“最小养分律”至今对合理施肥仍有深远的指导意义，只是他尚未认识到养分之间的互相联系和互相制约的关系，把各种养分的作用独立起来。此外，李比希过于强调了矿质养分的作用，而忽视了腐殖质的作用，认为腐殖质仅是在分解后释放出 CO_2，误认为厩肥的作用只是供给灰分元素。他还错误地指责布森戈关于豆科作物使土壤肥沃的正确观点。尽管如此，他仍不愧为植物营养学杰出的奠基人。

（三）植物营养学的发展

在李比希之后，植物营养的研究进入一个新阶段，植物矿质营养学说获得了证实和发展，并逐步发展成为当今内涵丰富、独立完整的植物营养学。例如，在培养试验方面，布森戈在 1851—1856 年和霍斯特马（Count Salm Horstmar）曾先后主张用沙粒或其他中性介质来支撑植物。萨克斯（Juliusvon Sachs，1860）和克诺普（Wilhelm Knop，1861）先后用矿质盐类制成的人工营养液栽培植物并获得成功，奠定了近代水培技术的基础。在营养液中，植物不仅能正常生长，而且能正常成熟，并结出种子，完成其生命周期。早期克诺普的配方仅包括硝酸钠、硝酸钙、磷酸二氢钾、硫酸镁和铁盐，当时这种营养液被认为包括了植物生长所需要的所有矿质养分，后来才意识到试验所用的化学品可能被其他成分污染，也就是微量元素也被包含在这些化学品中。20 世纪初，植物常常出现一些罕见的病症，但又不知是什么病原菌所引起的。后来发现是缺乏某些营养元素所致，之后科学家们开展了大量的营养液试验，在 1922—1939 年陆续发现了一批新的植物必需营养元素，即微量营养元素（表 1-1）。到 20 世纪 50 年代，人们就已经确认了目前已知的 16 种植物必需元素。至今还有许多人采用美国加州大学教授霍格兰（Dennis Hoagland）（1884—1949）提出的营养液配方，即 Hoagland 溶液。科学家们从未停止对新必需元素的挖掘，随着化学分析方法和测试手段的进步，镍元素在 1987 年被列入植物必需营养元素，至此植物必需营养元素变为 17 种，它们分别是碳（C）、氢（H）、氧（O）、氮（N）、磷（P）、钾（K）、钙（Ca）、镁（Mg）、硫（S）、铁（Fe）、硼（B）、锰（Mn）、铜（Cu）、锌（Zn）、钼（Mo）、氯（Cl）以及镍（Ni）（表 1-1）。

表 1-1　高等植物必需营养元素的发现时间

元素	发现年份	发现人
H、O		
C	1800	Senebier and De Saussure
N	1804	De Saussure
P、K、Mg、S、Ca	1839	C. Sprengel, et al.
Fe	1860	J. Sachs
Mn	1922	J. S. McHargue
B	1923	K. Warington
Zn	1926	A. L. Sommer and C. B. Lipman
Cu	1931	C. B. Lipman and G. MacKinney
Mo	1938	D. I. Arnon and P. R. Stout
Cl	1954	T. C. Broyer, et al.
Ni	1987	P. H. Brown, et al.

由劳斯于 1843 年创立的洛桑试验站至今已有 180 年的历史，试验工作仍在继续中。俄国化学家门捷列夫（Dmitri Mendeleev）于 1869 年在 4 个省建立试验站，这些试验站是肥料试验网的先驱。到 19 世纪末，生物试验的方法已基本上接近完善，并发展为试验网。不少国家已开展长期田间试验工作，以增加试验的可靠性和系统性。

20 世纪初，苏联农业化学家普良尼什尼柯夫（Prjanishin kov. Dmitr Nikolaevich，1865—1948）根据生物与环境统一的观点，主张把植物、土壤、肥料三者联系起来，研究它们的相互关系，进而以施肥为手段来调节营养物质在植物体内和土壤中的状况，改善植物生长发育的内在和外在环境条件，最终达到提高产量和改善品质的目的。持有这一观点的植物营养研究者，后来被称为是生理学路线的农业化学派。普良尼什尼柯夫的主要成就包括：确定了氮素的生理作用，研究了 NO_3^- 和 NH_4^+ 的营养作用，并提出了氨是植物体内氮素代谢的起点和终结，含氮化合物的合成由它开始，分解也以它结束；在磷方面，他提出在酸性土壤上应直接施用磷矿粉，在非酸性土壤上磷矿粉应施于吸磷能力强的作物上；他还建立了 3 000 多个试验站广泛开展了肥料试验，这为当时苏联化肥工业的发展和肥料的分配提供了重要的科学依据。

虽然 1913 年就开始有测定土壤 pH 的研究，但直到 1920 年前后，人们才把因施用石灰引起土壤 pH 的改变与施肥问题联系起来。从此，土壤性质和肥料之间的相互关系开始受到重视，人们并着手研究土壤中养分的有效性及其含量，从而逐步对肥料在土壤中的转化和养分积累等动态有了认识。这是针对性施肥的开始。

1920 年以后，植物营养学科有了较快的发展，尤其是 20 世纪 90 年代以来，分子生物学和现代生物学技术的快速发展，极大地推动了植物营养学科的发展。下面就几个重要的方面略作叙述。

在植物体营养元素的营养功能方面，不仅对各种必需营养元素的营养生理作用有了更深入的了解，而且还明确了有益元素的重要作用。在必需营养元素中，人们在重视大量元素的同时，也不断认识到中量元素在作物产量和品质中的重要性，以及微量元素和人体健康的密切关系。在 20 世纪 50 年代以前，科学家研究营养元素功能常常忽略了营养元素之间相互作用的重要性，之后人们清楚地认识到养分的相互作用。到 20 世纪 50 年代初期，美国加州大学爱泼斯坦（Emanuel Epstein）教授应用放射性同位素，研究了植物细胞膜对无机离子吸收和转运的机理，提出酶动力学方法和载体概念。之后科学家们又提出了离子泵、离子通道、转运蛋白等，并在养分吸收和转运的过程、营养逆境生理与分子机制等研究方向上取得较大的进展。近年来，我国科学家在这些领域也取得较大的进展，反映了生物化学、分子生物学等学科的知识在植物营养学中的快速渗透和发展。

虽然早在 1904 年，希尔纳（Lorenz Hiltner）就提出了根际的概念，但大量研究集中在根际微生物特性方面。直到 20 世纪 60 年代，根 - 土界面及养分动态化的研究才逐步成为植物营养研究的新领域。到 20 世纪 80 年代，对根际的研究不仅在方法上有了发展，而且在研究内容上有了新的生长点。1984 年，巴伯（Stanley A. Baber）出版了《土壤养分的生物有效性》一书，明确提出土壤养分生物有效性的新概念，使人们对根际养分动态变化有了进一步的认识。20 世纪 90 年代以来，以德国霍恩海姆大学马施纳（Horst Marschner，1929—1996）教授为代表的学者极大地丰富了植物根际营养的研究，发展了根际研究的许多新方法。我国科学家也参与了根际分泌物和菌根的研究，推动了国内在该领域的发展。在此期间，根构型、根系发育学和作物养分高效根系性状遗传改良得到迅速发展。近年来，随着人们对土壤生物多样性及其功能的关注，根际生物学再次掀起研究热点，尤其是根际微生物作为植物的第二基因组，根际微生物与植物互作的过程与机制、根际微生物与植物生长和健康的关系、微生物与温室气体排放等正成为国际上根际研究的热点和前沿。

1909 年，英国医生加罗德（Archibald Edward Garrod）出版了《先天代谢病》一书，提出先天性的生化病态——“先天病”，不久后有人提出遗传上存在着“隐性基因”的新概念，医学上遗传的问题，很快在植物营养领域中也有了发现。比德尔（Beadle）和泰特姆（Tatum）在研究遗传变异时，逐步发现变种的特性以及它受营养条件影响的事实，1943 年，韦斯（Weiss）在研究中发现，大豆对铁的利用有“高效”品种和“低效”品种之分，它们的这一性状是由单基因对所控制的。1958 年，布朗（Brown）等的工作为植物营养基因型奠定了基础。随后，许多科学家研究了镁、铁、硼、磷、钾营养基因型问题。1964 年，万格（Wanger）和米切尔（Mitchell）发现不少有关生物体中特定的生化现象是由基因控制的例子。例如，不仅无机养分的运输与利用在一定程度上受基因的控制，而且一些植物养分不正常的状况也是由单一基因的变异引起的。这些发现为植物品种改良提供了方向。爱泼斯坦在《植物的矿质营养》一书中对植物营养遗传性状已有较为详细的叙述。他报道了矿质养分吸收和运输的基因型差异，首先提出了植物营养特性遗传改良的重要思想。20 世纪 70 年代后，西方国家关于养分高效基因型筛选及生理基础的研究逐步增多。我国的养分效率基因型差异及其生理基础的研究始于 20 世纪 90 年代，在养分高效育种、营养元素吸收、转运和代谢的分子机制、营养元素感知的信号传导和调控、营养元素（氮、磷和微量元素）性状遗传等方面都取得了惊人的进展。

随着人们对环境生态重要性认识的不断深化，植物营养生态学已逐步发展为一个重要的学科分支。早在 1969 年，罗里森（Rorison）组织总结了植物营养生态学的研究成果，并写出了《植物矿质营养的生态问题》（*Ecological Aspects of the Mineral Nutrition of Plants*）一书。该书重点阐述了植物间养分竞争，以及运用植物营养原理解释植物分布规律和作物特性等问题。从 19 世纪就开始了植物 - 土壤及其环境相互关系的研究，并把这一研究引入土壤学、生态学和植物营养学研究的领域中。当今随着人口的急剧增长、资源以及能源惊人的消耗，人类赖以生存的环境日益恶化以及食品营养问题的不断出现，迫使人们重新认识人与自然界的平衡关系。人们已意识到过量施肥不仅会使成本大幅度提高，还会引起土壤酸化、硝态氮对地下水的污染、N_2O 等气体对臭氧层的破坏、全球性气候变暖等，严重影响农业绿色发展，这些都极大地促进了植物营养生态学发展。

随着植物营养理论的发展，化学肥料也经历了从单一品种到多个品种、从低养分浓度向高浓度的快速发展。我国在早期养分丰缺诊断的基础上，实施养分综合管理、培肥土壤、配方施肥等，极大地推动了肥料新产品的出现。传统有机肥料经历了从粪尿、兽骨、杂草等多种来源和简单堆沤处理技术，到目前的来源丰富、工艺成熟、加工处理技术多样化的现代有机肥料产业。与此同时，随着工业和农业科技的进步，不断涌现出许多新型肥料，包括缓控释肥料、稳定性肥料、水溶肥料、微生物肥料等，这些肥料在提高粮食产量的同时，兼顾了高效和环境友好的特点。

（四）基于植物营养学的施肥技术发展

各国土壤肥料科技工作者在确定科学合理的施肥数量、施肥品种、施肥方式和施肥时期方面，开展了大量的研究工作，科学施肥技术方兴未艾。在施肥技术研究的早期阶段，农民和研究人员通过实践和经验进行施肥，尝试不同的施肥方法和肥料组合。这一阶段主要依赖于观察和经验总结，目标是提高农作物的产量和品质。

随着科学研究的进展，施肥技术开始被系统地研究和分析。这一阶段着重于对植物的养分需求、肥料的种类和施肥量的研究。科学家们开始使用试验设计和统计方法，以及土壤分析和植物营养诊断等工具，来优化施肥技术。此时，肥料的配方、施肥时间和施肥方法开始得到更多的关注。在研究阶段取得成果后，重点转向将研究成果应用于实际农田生产中。这包括开展农民培训、制定施肥指导和推广技术包等措施，以帮助农民正确选择和应用施肥技术。此时，国际交流合作也得到增强，通过分享经验和合作研究，促进施肥技术的进一步发展。

随着环境问题和可持续发展重要性的日益凸显，施肥技术研究也开始关注减少对环境的负面影响和资源的可持续利用。这包括研究更精准的施肥方法、缓控释肥料的应用、利用有机肥料和生物肥料等环境友好型施肥技术。

目前，美国配方施肥技术覆盖面积达 80% 以上，40% 的玉米采用土壤或植株测试推荐施肥技术，大部分州都制定了测试技术规范。精准施肥在美国已经从试验研究走向普及应用，有 23% 的农场采用了精准施肥技术。英国农业部出版了《推荐施肥技术手册》，进行分区和分类指导，每年要组织专家更新 1 次。日本则在开展 4 次耕地调查和大量试验的基础上，建立了全国的作物施肥指标体系，制定了《作物施肥指导手册》，并研究开发了配方施肥专家系统。国际施肥技术研究的历史过程是一个不断发展和改进的过程，旨在提高农作物产量、改善土壤质量和保护环境。

二、我国施肥技术的历史演变

农业是中华古文明存在和发展的物质基础，历朝历代，上至官府，下至平民，都十分重视农业生产技术经验的总结和推广，而施肥技术作为重要内容，从古至今经历了漫长而丰富的发展过程。我国农业生产的历史悠久，在施用肥料培肥地力、促进植物生长和提高作物产量方面积累了丰富的经验。我国施肥技术的研究从 20

世纪90年代开始得到快速发展。早期科学家对施肥的研究主要是围绕着植物生长发育究竟需要什么物质、所需的物质是矿物养分还是有机养分等问题进行的。

中国古代先后出现了很多种类的农业书籍。据《中国农学书录》记载，中国古代农书共有500多种，流传至今的有300多种。在这300多种农书中，《齐民要术》《农桑辑要》《王祯农书》《农政全书》《授时通考》内容最丰富，影响最大，称为“五大农书”。这些农书记录了当时的农业实践和施肥技术。这些著作对我国古代农业和施肥技术的发展产生了积极的影响。在我国古代的农耕社会中，农民主要采用有机肥料来改善土壤肥力。主要运用畜禽粪便、秸秆、植物残渣等有机物质作为肥料，以满足作物的养分需求。伴随着农业生产的发展，农民在种植过程中积累了丰富的农耕经验，包括施肥技术。人们改进农业工具和耕作技术，加强灌溉系统的建设，促进了农业生产的发展。同时，土地的集约利用也促使施肥技术的进一步改善。明代，袁黄在《宝坻劝农书》中从两个方面说明施肥必须重视底肥的原因，他说:“垫底之粪在土下，根得之而愈深，接力之粪在土上，根见之而反上，故善稼者皆于耕时下粪，种后不复下也。”这是从作物吸收养分的特性上来阐述的。在肥料对土壤改良的作用方面，他又说:“大都用粪者要使化土，不徒滋苗。化土则用粪于先，而使瘠者以肥，滋苗则用粪于后，徒使苗枝畅茂而实不繁。”

我国著名的植物生理学家罗宗洛（1898—1978）早在20世纪30年代就开展了有关植物营养生理的研究，尤其是在氮素营养方面做了大量工作。他在研究玉米幼苗吸收铵态氮和硝态氮的试验中发现，玉米在以硝酸钠为氮源的营养液中生长良好，而水稻则在以硫酸铵为氮源的营养液中干物质积累较高，从而证明了不同作物对 NO_3^- 和 NH_4^+ 两种氮源有不同的反应。同时，他还证明了玉米幼苗在不同pH营养液中，对 NO_3^- 和 NH_4^+ 的吸收量有显著的差异。1937—1945年，他还开展了包括微量元素在内的矿质营养研究工作。

（一）近代我国施肥技术发展的4个阶段

中华人民共和国成立后，我国农业生产以集体农庄规模化经营为主，实行计划经济管理，化肥短缺，肥料以有机肥为主、化肥为辅。有机肥提供养分的比例占99%，化肥年消费量不到1万吨。1950年，中共中央在北京召开了全国土壤肥料工作会议，商讨土壤肥料工作大计。会议提出了我国中低产田的分区与整治对策，对我国耕地后备资源进行了评估，将科学施肥作为发展粮食生产的重要措施之一，随后重点推广了氮肥，加强了有机肥料建设。1957年，建成全国化肥试验网，开展了氮肥、磷肥肥效试验研究。1959—1962年，组织开展了第一次全国土壤普查和第二次全国氮、磷、钾三要素肥效试验，在继续推广氮肥的同时，注重了磷肥的推广和绿肥生产，为促进粮食生产发展发挥了重要作用。到 1978 年，有机肥提供养分的比例下降至 65%，化肥提供养分的比例上升至 35%。当时国民经济基础薄弱，化肥产业技术相对落后，产能也较低，产品以氨水、碳酸氢铵、过磷酸钙等低浓度化肥为主，高浓度化肥较少。农用化肥施用量由 1949 年的 0.7 万吨增长至 1978 年的 884 万吨；粮食总产量由 113 亿千克提高至 305 亿千克；人口由 5.4 亿增长至 9.6 亿；人均粮食产量由 208 千克提高至 317 千克，仍在 400 千克温饱线以下。

1979 年，组织开展了第二次全国土壤普查，摸清了我国耕地的基础信息。1981—1983 年，组织开展了第三次大规模的化肥肥效试验，对氮、磷、钾及中微量元素肥料协同效应进行了系统研究。随后，开展缺素补素、配方施肥和平衡施肥技术推广，研究探索了配方施肥技术规范和工作方法，总结出了“测、配、产、供、施”一条龙的测土配方肥技术服务模式，初步建立了全国测土配方施肥技术体系。1979—1998 年，随着国民经济的发展，化肥供应由短缺发展到满足需求，有机肥提供养分的比例由 1978 年的 65% 下降至 1998 年的 30%。随着化肥产业技术发展，产业规模不断扩大，化肥由低浓度逐渐向高浓度发展，高效化肥研发开始起步。农用化肥施用量由 1978 年的 884 万吨增长至 1998 年的 4 083 万吨；粮食总产量由 310 亿千克突破千亿斤（2 斤 =1 千克，下同）大关，达到 512 亿千克；人口由 9.6 亿增长至 12.5 亿；人均粮食产量由 317 千克提高至 411 千克，越过了 400 千克大关，温饱问题得到解决。

1998 年 11 月 16 日，国务院 39 号文件《国务院关于深化化肥流通体制改革的通知》提出深化化肥流通体制改革，建立适应社会主义市场经济要求、在国家宏观调控下主要由市场配置资源的化肥流通体制，化肥取消指令性计划和统配收购计划，实行市场配置资源。这一时期，国有化肥企业进行改制，民营化肥企业像雨后春笋般发展起来，形成了国有企业、民营企业、股份制共存的化肥产业新格局。1998—2018 年这 20 年，国家鼓励土地流转，高效肥料、简化施肥技术受到欢迎。国家高度重视农业发展和粮食安全，取消农业税，实行补贴和粮食保护价政策。施肥可增产增收，2004—2015 年我国粮食产量连续“十二连增”，粮食综合生产能力大幅提升。我国化肥产业技术水平快速发展，化肥生产装置大型化、自动化、智能化、现代化水平大幅提升，大型尿素、磷酸铵等产业技术达到国际先进水平，正在由化肥产销大国向强国迈进。高浓度化肥替代低浓度化肥占据主导地位，氮、磷肥出现产能过剩。农用化肥施用量由 1998 年的 4 083 万吨增长至 2015 年的最高峰 6 023 万吨，成为世界化肥产销量最大的国家，化肥用量占全世界的 30%；粮食产量由 512 亿千克提高至 657 亿千克，人口由 12.5 亿增长至

13.9 亿；人均粮食产量由 411 千克提高至 470 千克，粮食保障水平进一步提高。

2019 年中央一号文件《中共中央　国务院关于坚持农业农村优先发展做好“三农”工作的若干意见》提出实现“化肥负增长”。我国自 2015 年化肥用量达到高峰后，逐渐实现了零增长和负增长，2021 年化肥用量下降至 5 191.3 万吨，实现了自 2016 年以来的六连降，未来我国作物增产不再依赖化肥用量的增加，而是在不增加或减少化肥用量的情况下，通过科技创新和提高效率，保障高产和粮食安全。未来 20 年，我国的化肥产业将加快构建绿色智能肥料体系。化肥质量提升、用量下降，农业增产依靠提高效率而非增加化肥用量，全国化肥用量将进一步下降，真正实现质量替代数量发展。预测未来 20 年，我国化肥用量将由 2015 年高峰的 6 023 万吨下降至 5 000 万吨左右，粮食产量由 657 亿千克提高至 750 亿千克以上，人口由 13.9 亿增长至 15.0 亿，人均粮食产量由 470 千克提高至 500 千克。这些都离不开科学施肥技术的发展和进步。

随着现代农业的发展和科学技术的进步，我国施肥目标也进行了 3 次大的调整。第一次是 20 世纪初到 80 年代中期，以单纯追求作物高产为目标，氮、磷、钾肥相继得到大面积的推广应用，施肥效益不断增长；第二次是 20 世纪 80 年代中期到 20 世纪末，以“两高一优”（即高产、高效、优质）为目标，广泛开展复混肥示范推广，单质肥料由低浓度向高浓度方向发展，复合肥料开始大面积推广应用，化肥施用总量迅速增加，但由于大部分地区忽视土壤测试和田间肥效试验，盲目施肥现象普遍，施肥效益开始下降;第三次是进入 21 世纪以来，以优质、高产、高效、生态、安全为目标，全面进入生产与生态并重的施肥阶段。受农村千家万户小规模生产的限制，在旧的工作机制不适应形势发展而新的工作机制又没有建立起来的情况下，由于投入严重不足，这些先进实用的施肥技术一直停留在小面积、小范围试验示范阶段，习惯施肥，甚至盲目施肥的现象仍十分普遍。基于这一情况，农业部于 2005 年在全国启动了测土配方施肥技术推广项目，连续 19 年至今滚动实施，摸清了全国耕地土壤肥力情况，提出了大配方，组织科学施肥科研、教学、推广单位和肥料生产、销售和服务企业加强协作，实现了较大范围、影响深远的科学施肥技术的大面积推广应用，为我国化肥减量增效、农产品稳产保供以及生态安全作出了历史贡献。

（二）大田作物施肥技术发展概况

中华人民共和国成立以来，大田作物用肥种类和施肥技术经历了显著的变化。施肥技术的演变受到政策、科技进步、农民实践和市场需求等多个因素的影响。在不同的时期和地区，也存在一定的差异和特点。大致总结为以下 4 个阶段。

1. 初期阶段（1949—1970 年）

在中华人民共和国成立初期，农民主要依靠有机肥料，如农家肥、畜禽粪便等，进行大田作物施肥。这些有机肥料来源于农村家庭的农业废弃物，为大田作物提供了基本的营养元素供应。主要施肥方式是撒施后人工或畜力耕翻及穴施。

2. 化学肥料应用的推广（1970—1990 年）

在这一时期，尿素逐渐成为主要的氮肥来源。尿素是一种高氮含量的化学肥料，具有便宜、易储存和运输的优势，因此，得到了广泛的应用。为了满足作物对磷和钾元素的需求，磷肥和钾肥的应用逐渐引入，并与尿素一起施用，以提供全面的营养。主要施肥方式是降雨前表施、人工或畜力开沟覆土施用、随灌溉水冲施。

3. 复合肥的推广和优化（1990—2020 年）

为了提高施肥效果和减少施肥成本，氮磷钾复合肥开始广泛应用。复合肥可以提供多种营养元素，满足作物全面的养分需求，并具有施肥均匀、效果稳定的优点。随着对作物养分需求的进一步了解，微量元素肥料的应用逐渐引起重视。微量元素肥料包括锌肥、硼肥、铜肥等，其可以补充土壤中微量元素的不足，改善作物的生长和产量。主要施肥方式改进为撒施后耕翻、种肥同播、穴施、水肥一体化。

4. 精准施肥技术的发展（2020—未来）

地理信息技术的应用：随着科技的进步，地理信息技术在农业中的应用越来越广泛。利用卫星遥感和地理信息系统等技术，可以对农田进行精确的养分评估和监测，为施肥提供科学依据。

精准施肥机械的推广：自动化和智能化的精准施肥机械开始应用于农田，实现了精准施肥。这些机械设备可以根据土壤养分状况和作物需求进行精确施肥，确保施肥量和时机的准确性，提高养分利用率和作物产量。

有机肥料的再度关注：近年来，随着对土壤质量和环境保护的重视，有机肥料再度受到关注。有机肥料具有改善土壤结构、增加土壤有机质含量和提供长效养分的优点，因此，得到了农民和政府的推崇。

生物肥料的应用拓展：生物肥料包括农业生物技术产品、生物有机肥料等，具有促进植物生长和提高作物抗逆性的特点。在可持续农业发展的背景下，生物肥料的应用正在逐渐拓展。

施肥方式上采取了种肥同播、水肥一体化、机施肥等。

（三）设施作物施肥技术发展概况

中华人民共和国成立以来，随着农业现代化的推进和农业生产方式的转变，设施作物的肥料种类和施肥技术也发生了显著的变化，大致总结为以下 3 个阶段。

1. 初期阶段（1950—1970 年）

主要采用传统的有机肥料和化肥结合的施肥方式，如农家肥和化肥的配合施用。由于设施作物栽培规模较小，施肥方式相对简单，以农民传统经验为主导。主要施肥方式是人工撒施和随水冲施。

2. 发展阶段（1980—1990 年）

引进和应用化学合成的高效肥料，如尿素、磷酸二铵（DAP）、硫酸钾等。同时开始引入营养液培养技术，利用水培或基质培养方式栽培设施作物，通过供应合理比例的营养液来满足作物生长需求。

1980 年，我国第一代成套滴灌设备研制生产成功，国产设备规模化生产基础逐渐形成。采用滴灌等施肥设备逐渐兴起。

3. 现代化阶段（2000 年至今）

科学施肥理念得到普及和推广，注重准确测定土壤养分含量和作物需求，精准施肥，包括土壤测试和分析、养分诊断、施肥推荐等。引入定量施肥技术和精确施肥设备，如控释肥料、滴灌、微喷等，实现根据作物需求和土壤状况调节施肥量和频次。引入先进的肥料配方技术，根据作物生长阶段和需求特点，制定科学合理的肥料配比，提高养分利用效率。推广有机肥料和生物肥料的应用，利用生物技术培育高效肥料，如微生物肥料和生物有机肥料的研发与应用。注重生态环境保护和农产品质量安全，减少肥料的使用量，提高施肥效率和保持土壤健康。

采用压差式、文丘里、比例施肥泵等水肥一体化技术，精确调控水肥管理技术应用已经较广泛，逐步探索新型施肥技术以及智能化农业管理系统。

参考文献

杜新豪，2015. 传统社会肥料问题研究综述 [J]. 中国史研究动态（6）：57–65.

郭媛，卞瑛琪，2021. 农户施肥行为演变对粮食产量影响 [J]. 中国经贸导刊：中（6）：71–72.

李新华，巩前文，2016. 从“增量增产”到“减量增效”：农户施肥调控政策演变及走向 [J/OL]. 农业现代化研究，37（5）：877–884.DOI：10.13872/j.1000–0275.2016.0069.

李哲，甄广田，杨双，2007. 国内外优化配方施肥技术的历史与现状 [J]. 科技成果纵横（3）：61.

曾志伟，张雪峰，杨德荣，等，2020. 我国古代农业培肥地力的智慧与启示 [J]. 肥料与健康，47（2）：14–17.

张俊伶，2021，植物营养学 [M]. 北京：中国农业大学出版社 .

章楷 . 百年来我国种植业施肥的演进和发展 [J]. 中国农史，2000（3）：107–113.

赵秉强，袁亮，2020. 中国农业发展与肥料产业变革 [J]. 肥料与健康，47（6）：1–3.

第二章　肥料种类与特性

第一节　植物营养元素的分类及作用

一、植物营养元素的分类

根据植物自身的生长发育特征来决定某种元素是否成为其所需，人们将植物体内的元素分为必需元素和非必需元素。按照国际植物营养学会的规定，植物必需元素在生理上应具备3个特征：①对植物生长或生理代谢有直接作用；②缺乏时植物不能正常生长发育；③其生理功能不可用其他元素代替。据此，植物必需元素有17种：碳（C）、氢（H）、氧（O）、氮（N）、磷（P）、钾（K）、钙（Ca）、镁（Mg）、硫（S）、铁（Fe）、锰（Mn）、锌（Zn）、铜（Cu）、钼（Mo）、硼（B）、氯（Cl）和镍（Ni），另外4种元素钠（Na）、钴（Co）、钒（V）、硅（Si）不是所有作物都必需的，但对某些作物的生长是必需的，缺乏它们植物不能正常生长，被称为有益元素。这17种必需元素被划分为非矿质营养元素和矿质营养元素两大类。

（一）非矿质营养元素

包括碳（C）、氢（H）、氧（O）。这些养分存在于大气CO_2和水中，作物通过光合作用可将CO_2和水转化为简单的碳水化合物，进一步生成淀粉、纤维素或生成氨基酸、蛋白质、原生质，还可能生成作物生长所必需的其他物质。

（二）矿质营养元素

包括来自土壤的14种营养元素，人们可以通过施肥来调节控制它们的供应量，根据植物的需要量，必需营养元素分为：大量元素包括氮（N）、磷（P）、钾（K）；中量元素包括钙（Ca）、镁（Mg）、硫（S）；微量元素包括铁（Fe）、锰（Mn）、锌（Zn）、铜（Cu）、钼（Mo）、硼（B）、氯（Cl）和镍（Ni）。它们在作物体内同等重要，缺一不可。无论哪种元素缺乏，都会对作物生长造成危害。同样，某种元素过量也会对作物生长造成危害。各矿质元素对作物生长的影响如下。

1. 氮

氮素是作物营养的三大矿质元素之一，是作物体内蛋白质、核酸、酶、叶绿素等以及许多内源激素或其前体物质的组成部分，因此，氮素对作物的生理代谢和生长发育有重要作用。氮素是影响作物生物产量的首要营养因素，也是叶绿素的主要组成成分之一，因其可延长作物光合作用持续期、延缓叶片衰老、有利于作物抗倒伏，最终会增加作物干物质的积累。施用氮肥有利于作物地上部的生长，植株的株高、茎粗、叶片数、叶面积和生物量等生物学性状均明显增加。但随着施氮量的增加，各生长指标均呈现出先增加后轻微减少的趋势。根系是作物吸收水分和养分的主要器官，也是合成氨基酸和多种植物激素的重要场所。氮的合理施用可有效增加作物的根长、根表面积、根体积及地下生物量，促进根系的生长发育，增强其对养分的吸收能力，从而促进作物地上部的生长发育；但是过量施用氮会导致作物的总根长和根系生物量的下降，抑制根系生长。氮肥施用不足是造成作物产量减少和穗粒数下降的主要原因之一。在一定范围内，施氮会明显增加农作物的单位面积、有效穗数、穗粒数、穗长、穗粗、千粒重和产量，但施氮量过高，作物的结实率和千粒重就会下降，产量和氮肥利用率也会下降。

在实际生产中，经常会遇到农作物氮营养不足或过量的情况，氮营养不足的一般表现：植株矮小，细弱；叶呈黄绿、黄橙等非正常颜色，基部叶片逐渐干燥枯萎；根系分枝少；禾谷类作物的分蘖显著减少，甚至不分蘖，幼穗分化差，分枝少，穗小，作物显著早衰并早熟，产量降低。农作物氮营养过量的一般表现：生长过于繁茂，腋芽不断出现，分蘖往往过多，妨碍生殖器官的正常发育，导致推迟成熟，叶呈墨绿色，茎叶柔嫩多汁，体内可溶性非蛋白态氮含量过高，易遭病虫为害，容易倒伏。

土壤中能够为作物提供氮源的主要氮肥形态分为铵态氮、硝态氮、酰胺态氮，这几种氮源均为速效氮肥，酰胺态氮在土壤中经过微生物作用转化为铵态氮或硝态氮后为作物生长提供氮营养。按照 NY/T 1105—2006《肥料合理使用准则　氮肥》中的分类，氮肥分为铵态氮肥、硝态氮肥、硝酸铵态氮肥、酰胺态氮肥。

目前主要的氮肥包括如下 3 种。

铵态氮肥：碳酸氢铵（NH_4HCO_3）、硫酸铵［$(NH_4)_2SO_4$］、氯化铵（NH_4Cl）、氨水（$NH_3 \cdot H_2O$）、液氨（NH_3）等。

硝态氮肥：硝酸钠（$NaNO_3$）、硝酸钙［$Ca(NO_3)_2$］、硝酸铵（NH_4NO_3）等。

酰胺态氮肥：尿素［$CO(NH_2)_2$］，是固体氮肥中含氮最高的肥料。

其他还包括硝酸铵钙、尿素－硝酸铵溶液、脲铵氮肥及磷酸一铵、磷酸脲、硫酸脲等含不同形态氮和（或）磷、钾、钙等元素肥料。

2. 磷

磷是植物必需的营养元素，是影响植物生长发育和生命活动的主要元素之一。磷是植物体内细胞原生质的组成元素，对细胞分裂和增殖起重要作用；植物生命过程中养分和能量的转化、传递均与磷素有密切的关系，如蒸腾作用、光合作用、呼吸作用三大生理作用以及糖、淀粉的利用和能量的传递等过程。植物体内几乎许多重要的有机化合物都含有磷；磷是植物体内核酸、蛋白质和酶等多种重要化合物的组成元素；磷在植物体内参与能量贮存和传递、细胞分裂、细胞增大和其他一些过程；磷能促进早期根系的形成和生长，提高植物适应外界环境条件的能力，有助于植物耐过冬天的严寒；磷能提高许多水果、蔬菜和粮食作物的品质；磷有助于增强一些植物的抗病性、抗旱和抗寒能力；磷有促熟作用，对收获和作物品质是重要的，但是用磷过量会使植物晚熟、结实率下降。

磷肥是我国农业生产必需的生产资料，施用磷肥一直是粮食生产中重要的措施之一。磷能促进根生长点细胞的分裂和增殖，苗期磷素营养充足，次生根条数增加。磷对根生长的影响，主要不是表现在根重的变化上，而是表现在单位根系重量的有效表面积的差异。在低磷条件下，根的半径减小，单位根系重量的有效表面积增加，从而提高根系对磷的吸收。磷是作物体内核酸、磷脂、植素和磷酸腺苷的组成元素。这些有机磷化合物对作物的生长与代谢起重要作用。正常的磷素营养有利于核酸与核蛋白的形成，加速细胞的分裂与增殖，促进营养体的生长。磷素营养水平将影响植物体内激素的含量，且缺磷影响根中植物激素向地上部输送，从而抑制花芽的形成。

目前，我国生产的磷肥，根据磷肥浓度可以分为两类：高浓度磷肥和低浓度磷肥。高浓度磷肥包括磷酸二铵（DAP）、磷酸一铵（MAP）、氮磷钾复合肥（P-NPK）、重过磷酸钙（TSP）及硝酸磷肥（NP）；低浓度磷肥包括过磷酸钙（SSP）和钙镁磷肥（FMP）。

按其溶解性可分为 3 类。①水溶性磷肥，所含磷能溶于水，易被作物直接吸收利用，如过磷酸钙、重过磷酸钙。②弱酸溶性（或称枸溶性）磷肥，所含磷不溶于水，只溶于弱酸。施入土壤后，肥效不如水溶性磷肥快，但较持久，宜作底肥，如钙镁磷肥、钢渣磷肥等。③难溶性磷肥，所含磷素难溶于水和弱酸，只有在强酸条件下才能被溶解，肥效迟缓、持久，如磷矿粉和骨粉等。

3. 钾

钾是植物生长过程中重要的养分之一。钾能促进酶活化，促进光能利用，进而增强光合作用；能改善作物的能量代谢，促进碳水化合物的合成与光合产物的运输，进而促进糖代谢，同时能够促进氮素吸收利用和蛋白质合成，对调节作物生长、提高作物抗逆性、改善作物品质具有重要作用。

钾是植物的主要营养元素之一，同时也是土壤中常因供应不足而影响作物产量的三要素之一。钾与氮、磷不同，它不是植物体内有机化合物的组成成分，迄今为止，尚未在植物体内发现含钾的有机化合物。钾在植物体内多以离子态存在，而且流动性强，非常活跃，常常是随着植物的生长，向生命活动最旺盛的部位移动。钾的植物生理作用主要有：①钾是许多酶所必需的元素；②钾能明显提高植物对氮素的利用，并能使其很快地转化成蛋白质；③钾能促进植物经济用水；④钾能促进碳水化合物的代谢并加速同化产物流向贮藏器官；⑤钾能增强作物的抗逆性，钾素有抗逆元素之称。

主要钾肥品种有氯化钾、硫酸钾、磷酸二氢钾、钾石盐、钾镁盐、光卤石、硝酸钾、窑灰钾肥。水溶肥料生产所需的钾肥主要包括硝酸钾、硫酸钾、氯化钾、磷酸二氢钾、腐植酸钾、氢氧化钾等。①硝酸钾。外观白色结晶或细粒状，物理性状良好，是一种生理碱性肥料，能同时提供作物生长所需的硝态氮素和钾素。②硫酸钾。纯净的硫酸钾为白色或者淡黄色的菱形或六角形结晶，溶解度远小于氯化钾，不易结块，属于生理酸性肥料。由于硫酸钾溶解速率较慢，只有速溶性硫酸钾可以作为水溶肥料或原料。③氯化钾。白色晶体，为化学中性、生理酸性肥料。目前，很多施肥指南或者国家标准上都要求限制氯含量，尤其是忌氯作物更不能施用含氯肥料，其实这是一种误解，除烟草等对品质要求严格的作物需控制含氯化肥施用之外，大多数经济作物合理使用氯化钾都没有太大影响。一方面，氯离子在土壤中十分活跃、易淋洗；另一方面，氯是营养元素，调节细胞渗透压。自然界不存在忌氯作物，而存在对氯敏感作物。以色列等农业发达国家的作物生产中都在大量使用氯化钾，极少使用硫酸钾。④磷酸二氢钾。无色四方晶体、无色结晶或白色颗粒状粉末，磷酸二氢钾广泛运用于滴灌喷灌系统中。

4. 钙

钙是植物生长发育的必需营养元素，其在植物的生长发育及新陈代谢中的作用是其他营养元素不可代替的。适量的钙才能维持植物的正常生长；同时，钙还是植物细胞内连接细胞外信号刺激与胞内代谢反应的胞内第二信使连接，调节许多细胞活动。此外，钙在稳定细胞壁、维持细胞膜通透性及膜蛋白的稳定性方面发挥着重要作用。①钙是植物生长发育必需的营养元素，植物体内的钙含量因生活环境、植物种类及植物器官而异，正常条件下植物钙占干重的 0.1% ~ 5.0%，单子叶植物正常生长的需钙量要低于双子叶植物。②钙对细胞壁的稳定作用。细胞壁是钙最大的贮藏库，钙对维持植物细胞的结构稳定性起重要作用。钙在质外体中含量最多，其作用主要有两方面：一方面与果胶形成果胶钙，连接果胶质增加细胞壁的稳定性；另一方面可协助发挥果胶的机械性能。③钙对细胞膜的稳定作用。钙作为细胞膜的保护离子，对膜功能的维持被认为是钙在细胞外作用到细胞质膜外表面上的结果。钙通过桥接膜上磷酸盐与磷脂及蛋白质的羟基来稳定细胞膜。④钙促进细胞伸长和分泌，参与植物细胞伸长和分泌过程。在没有外源钙供应时，根系在数小时内就会停止伸长，主要原因是缺钙会抑制细胞伸长。细胞伸长需要在细胞壁松弛的环境下完成，该过程包含生长素诱导质外体环境酸化及果胶链上交联果胶的钙的取代作用。⑤钙元素对植物逆境胁迫的调控作用。植物受到胁迫后，胁迫信号会激活各个部位膜上的钙通道，增加细胞质中游离钙离子的浓度；胁迫消失后，细胞质内的游离钙离子也回到了正常水平。外源钙能够抑制细胞内氧化产物产生、稳定膜结构。当植物受到盐、干旱、低温、高温、缺氧及氧化胁迫时，外源钙可以提高植物超氧化物歧化酶（SOD）、过氧化物酶（POD）、过氧化氢酶（CAT）的活性，提高植物对逆境的适应性。⑥钙对植物种子萌发的影响。钙对种子萌发的作用不仅是作为营养物质，而且还能在生理学上防止膜损伤和渗漏，稳定膜结构和维持膜的完整性，提高种子活力，促进胚芽胚根的伸长。

我国南方大部分地区土壤淋洗严重，土壤代换性钙含量低，需要施用钙肥。但在广西、云南等地的石灰岩或含钙红土上发育的土壤中碳酸钙高达3% ~ 11%，代换性钙含量很高，不需要施用钙肥。我国北方为石灰性土壤，碳酸钙含量在土壤中高达10%以上，大田作物土壤缺钙现象很少见，但随着土壤酸化等，北方设施蔬菜、西甜瓜、草莓以及鲜果果树出现了缺钙问题。但在我国西北、东北和华北内陆地区还分布着大面积的盐碱土，土壤代换性钠含量很高、代换性钙浓度较低，这些土壤需要施用钙肥。

农业上常用的含钙物料主要包括石灰、石膏等，石灰是酸性土壤上常用的含钙肥料，石膏是碱性土壤中常用的含钙肥料。其他含钙的肥料包括在一些商品肥料中，作为化肥副成分的一些含钙肥料，主要包括过磷酸钙、重过磷酸钙、钙镁磷肥、硝酸钙、硝酸铵钙、石灰氮以及钾钙肥、窑灰钾肥、钢渣磷肥、粉煤灰等。在农业上，通常很少注意给农作物补充钙肥，但在实际操作中，钙肥却随着其他肥料的投入而进入农田，对作物起到钙营养的作用。水肥一体化中常用的钙肥包括：①硝酸钙，化学式 $Ca(NO_3)_2$，白色结晶，极易溶于水，吸湿性较强，极易潮解；②氯化钙，化学式 $CaCl_2$，白色粉末或结晶，吸湿性强，易溶于水，水溶液呈中性，属于生理酸性肥料；③硝酸铵钙，化学式 $Ca(NO_3)_2 \cdot NH_4NO_3$，属中性肥料，生理酸性小，溶于水后呈弱酸性；④螯合态钙，化学式 EDTA-Ca，白色结晶粉末，易溶于水，钙元素以螯合态存在。

5. 镁

镁是叶绿素的组成成分，缺镁时作物合成叶绿素受阻；镁是糖代谢过程中许多酶的活化剂；镁促进磷酸盐在植物体内运转；镁参与脂肪代谢、促进维生素 A 和维生素 C 的合成。有研究表明，缺镁植物叶片易发生或加剧光抑制现象。镁存在于植物体内叶绿素分子中心，占叶绿素相对分子质量的 2.7%，对维持叶绿体结构举足轻重；植物一旦缺镁，叶绿体结构受到破坏，基粒数下降、被膜损伤、类囊体数目降低。植物体中参与光合作用、糖酵解、三羧酸循环、呼吸作用、硝酸盐还原等过程的酶都需依靠镁来激活；镁可以提高硝酸还原酶的活性水平，镁能稳定蛋白质合成所必需的核糖体构型，缺镁导致核蛋白体解离成小的核蛋白体亚单位；镁参与脂肪、类脂、蛋白质和核酸的合成。

农业中主要镁肥包括以下 4 种。①六水合硝酸镁，镁含量为 15.5%，产品特征：无色单斜晶体，极易溶于水、液氯、甲醇及乙醇。②六水合氯化镁，镁含量 40% ~ 50%，产品特征:无色结晶体，呈柱状或针状，有苦味，易溶于水和乙醇。③七水硫酸镁，镁含量为 9.9%，产品特征：白色结晶，易溶于水，稍有吸湿性，水溶液为中性，属生理酸性肥料。④螯合镁，镁含量为 6.0%，产品特征：白色结晶粉末，易溶于水，镁元素以螯合态存在。

土壤中大量存在的钙、镁、铁和铝等离子与磷酸盐作用生成难溶化合物，导致磷的移动性大大降低，且可逆性差，磷酸根很难再释放。若滴灌水的硬度较大，钙、镁杂质含量较高，在一定的酸度条件下也会产生钙镁沉淀。当水源中同时含有碳酸根和钙、镁离子时，可使滴灌水的 pH 增加，进而引起碳酸钙、碳酸镁的沉淀，堵塞滴头。

6. 硫

硫是植物生长发育过程中重要的营养元素之一，是许多生理活性物质的组成成分，参与植物细胞质膜结构的表达、蛋白质代谢和酶活性调节等重要生理生化过程，调节植物对主要营养元素的吸收，以多种方式直接或间接地影响植物的抗病性。

①降低土壤 pH。土壤中施用硫会导致其 pH 降低，pH 降低能够促进土壤中的硫转化、运输与吸收，并提高土壤微量元素的有效性，有利于植物吸收各种营养元素。②参与光合作用。植物体内的硫脂是高等植物体内同叶绿体相连的最普遍的组分。硫脂是叶绿体内一个固定的边界膜，与叶绿素结合和叶绿体形式相关。③硫与酶活性。二硫键对酶蛋白的构象贡献很大，这种构象对于酶活力是必需的。一些二硫键对于生物活性的维持是必要的。④参与蛋白质合成。硫是组成蛋白质的半胱氨酸、胱氨酸和蛋氨酸等含硫氨基酸的重要组成成分，其硫含量可

达 21% ~ 27%。⑤脂类合成。硫素对膜脂类合成的贡献主要有两个途径：其一，它本身就是硫脂的组分；其二，它可帮助脂类的合成。⑥硫与植物的抗逆性。植物体内的一些含硫化合物（如谷胱甘肽）可通过一些生化反应途径淬灭逆境产生的游离基团，从而提高植物体的抗逆性；硫还与植物的抗盐性有关，硫脂可能参与离子跨膜运输的调控，植物根中硫脂的含量与植物的抗盐性呈正相关。

生产上常用硫肥主要的种类有硫黄（即元素硫）、石膏、硫酸铵、硫酸钾、过磷酸钙以及多硫化铵和硫黄包膜尿素等。

7. 铁

铁元素在许多植物器官中发挥着十分重要的作用。铁虽然不是叶绿素的组成部分，但在叶绿素前体合成过程中不可缺少；植物体内许多含铁化合物都参与光合作用过程中的一些反应，如细胞色素氧化酶复合体、铁氧还蛋白、血红素、豆血红素等，植物缺铁时，这些物质含量及含铁酶活性均显著降低，无疑会影响光合作用的正常进行；一些与呼吸作用有关的酶中均含有铁，如细胞色素氧化酶、过氧化物酶、过氧化氢酶等，铁常处于这些酶结构中的活性部位，植物缺铁时，这些酶活性会受到影响，并进一步使植物体内一系列氧化还原作用减弱；固乳酶由铁钼蛋白和铁蛋白组成。这两种蛋白单独存在时都不呈现固氮酶活性，只有两者聚合构成复合体时才有催化氮还原的功能。

国内常用的铁肥品种主要有以硫酸亚铁为主的无机铁肥和一些有机物与铁复合形成的铁肥（木质素磺酸铁、腐植酸铁）。

①无机铁肥。无机铁肥包括可溶解的铁盐（如七水硫酸亚铁）、不可溶解的铁化合物及一些铁矿石和含铁的工业副产品，这些铁肥价格相对低廉。②螯合铁肥。螯合铁肥一般由对铁有高度亲和力的有机酸与无机铁盐中 Fe^{2+} 螯合而成，常见螯合剂：乙二胺四乙酸（EDTA）、二乙三胺五乙酸（DTPA）、羟乙基乙二胺三乙酸（HEEDTA）、乙二胺二邻羟苯基乙酸（EDDHA）、乙二胺二乙酸（EDDHMA）、乙酸（EDDHSA）等。螯合铁肥适用不同 pH 类型土壤，肥效较高，可混性强，但价格较贵，常在经济价值较高的作物上施用。乙二胺四乙酸（EDTA）、二乙三胺五乙酸（DTPA）和乙二胺二邻羟苯基乙酸（EDDHA）是目前生产上应用较广泛的螯合铁肥，其适用 pH 范围分别是＜7、＜8 和 4.5 ~ 9.0，不同酸碱度土壤应参考选用。③有机复合铁肥。有机复合铁肥是指一些来源于天然有机物与铁复合形成的铁肥，如木质素磺酸铁、葡糖酸铁、腐植酸铁等。在土壤中，有机复合铁肥不如螯合铁肥稳定，它们容易发生金属离子和配位体的交换反应，并且在土壤中易被吸附，肥效降低，因此，常被用作无土栽培和叶面喷施的肥料。④缓释铁肥。

缓释铁肥不溶于水，由直链磷酸盐部分聚合而成，磷酸盐链作为阳离子交换的骨架，这些磷酸盐可以被柠檬酸、DTPA 等对铁有高亲和力的有机物所溶解。

8. 锰

锰在植物体内有多种生理作用，是许多酶的催化剂，能提高氮的利用，促进蛋白质的合成，并参与叶绿体的合成，因而是维持植物正常生长所必需的微量营养元素之一。植物吸收的锰主要是二价锰离子（Mn^{2+}），不具有生物有效性的三价及四价锰离子则不能被植物吸收。Mn^{2+} 能立即被根细胞吸收，经共质体途径运输到中柱，随后进入木质部并运输到地上部。木质部是 Mn^{2+} 向地上部运输的主要途径，但是植物种类影响 Mn^{2+} 在木质部中的运输形式。

缺锰易造成叶绿体对光敏感、结构性变差，充足的锰营养有利于提高作物的光合能力，促进作物生长发育；锰也是硝酸还原酶的活化剂，在植物氮素同化过程中发挥着重要作用，且其通过自身的化合价改变，对植物体内许多氧化还原过程，包括植物的呼吸作用等具有重要的调节作用；锰是 RNA 聚合酶和二肽酶的活化剂，与氮的同化关系密切，缺锰会抑制蛋白质的合成，造成硝酸盐的积累；锰对豆类生长的影响较大，能促进氮素的代谢，提高产量。

生产中常用的锰肥有如下 3 种。①硫酸锰，分子式为 $MnSO_4 \cdot H_2O$，锰含量为 26% ~ 28%，产品特征：粉红色晶体，易溶于水，易发生潮解。②氯化锰，分子式为 $MnCl_2 \cdot 4H_2O$，锰含量为 27%，产品特征：粉红色晶体，易溶于水，易发生潮解。③ EDTA 螯合锰，分子式为 $C_{10}H_{12}N_2O_8MnNa_2 \cdot 3H_2O$，锰含量为 13%，产品特征：粉红色晶体，易溶于水，中性偏酸性。

生产中常将锰肥土施、作种肥或叶面喷施，几种方法各有利弊。土施方便省时，但其有效性常常会因土壤吸附、固定或其他因素而降低；种肥用肥量少，收效大，成本低，常比直接施入土壤中优越；叶面喷施可避免锰在土壤中被固定，提高其有效性，但需多次喷施，比较费工费时。

9. 锌

锌是许多植物体内酶的组分或活化剂，能够促进蛋白质的代谢、生殖器官的发育，同时还能够参与生长素的代谢、参与光合作用中 CO_2 的水合作用，能提高植物的抗逆性等。缺锌时，植株的光合速率、叶片中叶绿素含量以及硝酸还原酶活性下降，蛋白质的合成受阻；缺锌降低了叶片中碳酸酐酶的活性，进而降低了叶片的光合速率；叶绿体内自由基和蔗糖的累积，造成了叶绿体结构破坏、功能紊乱、叶片角质加厚、气孔开度降低、CO_2 化合能力下降；锌与蛋白质代谢有密切关系，是合成蛋白质必需的 RNA 聚合酶、影响氮代谢的蛋白酶和合成谷氨酸的谷氨酸脱氢酶的组成成分。缺锌通过影响 RNA 的代谢进而影响蛋白质的合成，造成植物体内游离氨基酸的累积；在缺锌的状况尚未损害植物的正常生长或尚未出现任何可见症状时，植物体内的生长素已经开始减少。在补充适量的锌后，生长素的浓度就会增加；锌有助于提高作物的抗逆性，增强作物对不良环境的抵抗力。

锌以二价状态存在于自然界中，主要的含锌矿物为闪锌矿（硫化锌），其次为红锌矿（氧化锌）、菱锌矿（碳酸锌）。含锌矿物分解产物的溶解度大，并以二价阳离子或络合离子等状态存在于土壤中，进而被植物吸收利用。但是，由于受到土壤酸碱度、吸附固定、有机质和元素之间相互关系等因子的影响，锌的溶解度会很快降低。目前主要的锌肥类型包括以下 5 种。

①七水硫酸锌，分子式为 $ZnSO_4 \cdot 7H_2O$，锌含量为 23% ~ 24%，产品特征：白色或浅橘红色晶体，易溶于水，在干燥环境下失去结晶水而变成白色粉末。②硫酸锌，分子式为 $ZnSO_4 \cdot H_2O$，锌含量为 35% ~ 50%，产品特征：白色流动性粉末，易溶于水，空气中易潮解。③硝酸锌，分子式为 $Zn(NO_3)_2 \cdot 6H_2O$，锌含量为 22%，产品特征：无色四方结晶，易溶于水，水溶液呈酸性。④氯化锌，分子式为 $ZnCl_2$，锌含量为 40% ~ 48%，产品特征：白色晶体，易溶于水，潮解性强，水溶液呈酸性。⑤ EDTA 螯合锌，分子式为 $C_{10}H_{12}N_2O_8ZnNa_2 \cdot 3H_2O$，锌含量为 12% ~ 14%，产品特征：白色晶体，极易溶于水，中性偏酸性。

增施磷肥能提高多种植物体内锌的含量，但当供磷水平超出植物需要时，植株体内锌的含量将下降。土壤有机质对土壤锌的影响有正反两方面：有机质含量的增加能够提高锌的有效性，矫正作物缺锌问题；但是在某些情况下，锌因与有机质配合而被固定，使土壤锌的有效性降低。土壤 pH 较高的碱性土壤上作物易缺锌；酸性土壤上的锌有效性高。随着 pH 的升高，锌被吸附的量也增加，土壤中有效锌的浓度降低。

10. 铜

铜是植物生长发育的必需元素，它广泛参与植物生长发育过程中的多种代谢，对维持植物正常代谢及发育起着重要作用。

①铜是叶绿体的组成成分，铜大部分集中在叶绿体中，这些铜在叶绿体中形成类脂物质，对叶绿素及其他色素的合成与稳定起促进作用。另外，铜是叶绿体中质体蓝素的组成成分，质体蓝素是光合作用过程中电子的传递体。在光合作用系统中，铜通过本身化合价的变化，起电子传递作用。②铜是某些氧化酶的组成成分，可促进作物呼吸作用和新陈代谢过程，农作物体内的一些酶，如多酚氧化酶、抗坏血酸氧化酶、细胞色素氧化酶、苯丙氨酸解氨酶、苯丙烷合成酶、乳酸氧化

酶、脱氢多酸氧化酶等都是含铜的酶。这些酶的作用，一是促进作物呼吸作用的正常进行，二是促进农作物的新陈代谢。③铜是亚硝酸和次亚硝酸还原酶的活化剂，能促进农作物体内的硝酸还原作用。农作物从土壤中吸收的氮素，多数是硝态氮，硝态氮转化为铵态氮后，才能均衡形成组氨酸、赖氨酸、谷氨酸等，进一步促进蛋白质的合成。铜是亚硝酸和次亚硝酸还原成铵态氮不可缺少的元素。④铜能增强农作物抗病害能力，主要机制：一是铜能促进作物细胞壁木质化，使病菌难以侵入作物体；二是铜能促进作物体内聚合物的合成，杜绝了病菌的营养源。

土壤中的铜以多种形态存在，主要有以下 5 种，即水溶态、有机结合态、交换态、氧化结合态和矿物态。但多数情况下，植物缺铜是土壤中铜的有效性低引起的。影响土壤中铜有效性的因素有土壤 pH、温度、有机质含量、氧化还原条件、气候条件以及其他元素与之相互作用。

在缺铜的土壤中施用铜肥能显著提高作物的产量。农业生产上施用的铜肥有：五水硫酸铜（$CuSO_4 \cdot 5H_2O$），含铜量为 25%，易溶于水，是农业上常用的铜肥；氧化铜（CuO）和氧化亚铜（Cu_2O），含铜量分别为 75% 和 89%，难溶于水，一般与有机肥混合作底肥；络合铜肥有乙二胺四乙酸铜钠盐（$C_{10}H_{12}N_2O_8CuNa_2 \cdot 2H_2O$），含铜量为 13%，易溶于水，喷施、浸种均可。铜肥可作底肥、种肥和叶面肥施用。对铜肥效率而言，肥料的溶解度并非第一位考虑的问题，重要的是肥料与根系的接触面。

11. 钼

钼是微量元素，是作物所需要的肥料之一，缺钼会影响植物正常生长。钼在植物中的作用与氮、磷、碳水化合物的转化或代谢过程都有密切关系，钼是硝态氮还原成铵态氮、无机磷转化成有机磷所必需的，钼还是固氮酶的组成成分，是固氮作用不可缺少的。

①钼能促进生物固氮。根瘤菌、固氮菌固定空气中的游离氮素，需要钼黄素蛋白酶参加，而钼是钼黄素蛋白酶的成分之一；钼能促进根瘤的产生和发展，而且还影响根瘤菌固氮的活性。②钼能促进氮素代谢。钼是作物体内硝酸还原酶的成分，参与硝态氮的还原过程。③钼能增强光合作用。钼有利于提高叶绿素的含量与稳定性，有利于光合作用的正常进行。④钼有利于糖类的形成与转化。钼能改善糖类，尤其是蔗糖从叶部向茎秆和生殖器官流动的能力，这对于促进作物植株的生长发育作用很大。⑤钼能增强作物抗旱、抗寒、抗病能力。钼能增加马铃薯上部叶片含水量以及玉米叶片的束缚水含量；钼能调节春小麦在一天中的蒸腾强度，使其早晨的蒸腾强度提高，白天其余时间的蒸腾强度降低。

常用的钼肥品种：钼酸铵，含钼量为54%，黄白色结晶体，溶于水，是目前应用最广泛的一种钼肥，可用作底肥、种肥和叶面喷施；钼酸钠，含钼量为36%～39%，青白色结晶体，溶于水，可用作底肥、种肥和叶面喷施；三氧化钼，含钼量为66%，白色晶体，难溶于水，一般作底肥；含钼废渣，难溶于水，一般用作底肥或种肥。

钼酸铵和钼酸钠都是常用的钼肥，易溶于水，三氧化钼的溶解度则较小。钼肥可单独施用，也可加到氮、磷、钾肥料中一同施用。例如，将钼酸盐或三氧化钼加到过磷酸钙中制成含钼过磷酸钙，也可以与硫酸铵、氯化钾或液态肥料混合。钼肥与酸性肥料混合后溶解度降低。

12. 硼

硼是植物最缺乏的微量元素之一。疏松的土壤普遍缺硼，在疏松土壤中，水溶性硼很容易滤过土壤剖面，而无法被植物利用。充足的硼对于农作物的高产和高品质都非常关键。通常植物叶绿体中硼的相对浓度较高。缺硼时，叶绿体退化，影响光合作用效率。从而对光合作用运转的速率和周期产生较大影响，特别是植物新生组织的光合产物在缺硼时会明显减少，糖含量也显著降低。硼能控制植物体内吲哚乙酸的水平，维持其促进植物生长的生理浓度。硼缺乏时，植物产生过量的生长素，从而抑制根系的生长。硼之所以有助于花芽的分化，是由于其抑制了吲哚乙酸活性。硼还影响植物生长过程中核酸的含量，有利于组织内腺嘌呤转化成核酸，以及酪氨酸转化成蛋白质，同时还可以降低幼龄叶片和子叶中的叶绿体、线粒体以及它们的表面部分核苷酸的消耗，增加磷进入核糖核酸和脱氧核糖核酸的数量及 ATP 含量。

常见的硼肥类型有如下 4 种。①硼砂，主要成分是十水四硼酸钠，分子式为 $Na_2B_4O_7 \cdot 10H_20$，产品特征：白色晶体或粉末，在干燥条件下，易失去结晶水变成白色粉末，标准一等品的四硼酸钠含量＞95%，含硼量为 11%；难溶于冷水，易被土壤固定；植物当季吸收利用率较低。②硼酸，分子式为 H_3BO_3，含硼量约为 17%。硼酸是无机化合物，也是传统的硼肥品种之一。优点是来源广，价格较低；缺点是水溶液呈弱酸性。③五水四硼酸钠，分子式为 $Na_2B_4O_7 \cdot 5H_2O$，含硼量为 15%，产品特征：白色结晶粉末，易溶于热水，水溶液呈碱性。④四水八硼酸钠，分子式为 $Na_2B_8O_{13} \cdot 4H_2O$，含硼量为 21%，产品特征：白色粉末，易溶于冷水，为高效速溶性硼酸盐。

硼肥的施用方法主要有叶面喷施、底肥施用等。在施用硼肥时应注意施肥量和施用时间。在作物不同的生长期加施硼肥的效果不同。硼肥对种子的萌发和幼根的生长有抑制作用，故应避免与种子直接接触。

13. 氯

氯是植物必需的微量元素之一，其在植物体内有多种生理功能，不仅影响植物的生长发育，而且参与并促进植物的光合作用，维持细胞渗透压，保持细胞内电荷的平衡。

①氯对光合作用的影响。植物光合作用中水的光解反应需要氯离子参加，氯可促进光合磷酸化作用和ATP的合成，直接参与光系统Ⅱ氧化位上的水裂解。光解反应所产生的氢离子和电子是绿色植物进行光合作用时所必需的，因而氯能促进和保证光合作用的正常进行。②氯与酶和激素的关系。氯对酶的活性有显著的作用。植物体内的某些酶类必须要有 $C1^-$ 的存在和参与才可能具有酶活性。如 α^- 淀粉酶只有在 Cl^- 的参与下，才能使淀粉转化为蔗糖，从而促进种子萌发。③氯在植物体内具有渗透调节和气孔调节功能。氯是植物内化学性质最稳定的阴离子，能与阳离子保持电荷平衡，维持细胞渗透压和膨压，增强细胞的吸水能力，并提高植物细胞和组织对水分的束缚能力，从而有利于植物从环境中吸收更多的水分。④氯对植物体内其他养分离子吸收利用的影响。氯对植株吸收利用氮、磷、钾、钙、镁、硅、硫、锌、锰、铁和铜等养分元素有一定的影响。

由于土壤、水和空气中氯的广泛存在，一般作物生产中极少出现缺氯症状，氯在大多数植物体内积累过多会产生毒害作用，故一般不专门补充施用氯肥。

14. 镍

自1855年首次发现植物中存在镍以来，人们对植物中镍的作用进行了许多研究，发现了镍的双重角色：一方面是植物必需的微量元素，另一方面又是环境的危害因素。镍作为高等植物必需的微量元素，其含量存在一定的浓度范围，若超过临界值，可能导致植物生理紊乱，如抑制某些酶的活性、扰乱能量代谢和抑制 Fe^{2+} 吸收等，从而阻滞植物的生长发育。

现实中，植物并不易出现缺镍，实践中不能盲目提倡依靠增施镍肥来促进作物生长发育，提高产量。

二、植物养分元素的相互关系

植物生长发育所必需的17种营养元素在其体内同等重要、缺一不可，即所有植物必需元素都是不可替代的。植物的必需营养元素含量虽然悬殊，但具有同等重要的作用。如碳、氢、氧、氮、磷、钾、硫等元素是组成碳水化合物的基本元素，是脂肪、蛋白质和核酸的成分，也是构成植物体的基本物质；铁、镁、锰、铜、钼、硼等元素是构成各种酶的成分；钾、钙、氯等元素是维持植物生命活动所必需的条件。这些元素在植物生长发育中是同等重要的。

无论哪种元素缺乏，都会对作物生长造成危害；同样，某种元素过量也会对作物生长造成危害。在植物必需的营养元素中，各种元素有其特殊的作用，而且不能相互代替。如钾的化学性质和钠相近，离子大小和铵相近，在一般化学反应中能用钠来代替钾，在矿物结晶上铵能占据钾的位置，但在植物营养上钠和铵都不能代替钾的作用。

营养元素的相互作用指的是营养元素在土壤中或作物中产生相互影响，一种元素在与另一种元素以不同水平混合施用时所产生的不同效应。也就是说，两种营养元素之间能够产生促进作用或拮抗作用。这种相互作用在大量元素之间、微量元素之间以及微量元素与大量元素之间均有发生；可以在土壤中发生，也可以在作物体内发生。

由于这些相互作用改变了土壤和作物的营养状况，从而调节土壤和作物的功能，影响作物的生长和发育。作物通过根系从土壤溶液中吸收各种养分离子，这些养分离子间的相互作用对根系吸收养分的影响极其复杂，主要有营养元素间的拮抗作用和协同作用。

（一）拮抗作用

拮抗是一种物质被另一种物质所抑制的现象，是两种以上物质混合后的总作用小于每种物质分开来的作用之和的现象。作物吸收无机营养时，某些元素具有抑制作物吸收其他元素的作用，这种作用称为拮抗作用。例如，钾元素太多会妨碍作物吸收镁元素，有时作物会出现缺镁症。离子间的拮抗作用主要表现在阳离子与阳离子之间或阴离子与阴离子之间，另外，一价离子之间、二价离子之间、一价离子与二价离子之间都可能有这种作用。

拮抗竞争作用机理主要有：性质相近的阳离子间的竞争——竞争原生质膜上结合位点，如 K^+ 对 Rb^+；不同性质的阳离子间的竞争——竞争细胞内部负电势，如 K^+、Ca^{2+} 对 Mg^{2+}；阴离子间的拮抗作用——竞争原生质膜上结合位点，如 AsO_4^{3-}/PO_4^{3-}，Cl^-/NO_3^- 则与细胞内阴离子浓度的反馈调节有关。

1. 大量元素的拮抗作用

铵态氮过量造成镁、钙离子产生拮抗作用，影响作物对镁、钙的吸收。过多施氮肥会刺激植株生长，需钾量大增，更易表现缺钾症。磷肥不能与锌同施，因为磷肥与锌能形成磷酸锌沉淀，降低磷和锌的利用率。过多施磷肥，多余的有效磷也会抑制作物对氮素的吸收，还可能引起缺铜、缺硼、缺镁。磷过多会阻碍钾的吸收，造成锌固定，引起缺锌。过磷酸钙等酸性磷肥过多，还会活化土壤中对作物生长发育有害的物质，如活性铝、活性铁、活性镉，对生产不利。施钾过量首先造成浓度障碍，使植物容易发生病虫害，继而在土壤和植物体内发生与钙、镁、硼等阳离子营养元素的拮抗作用，严重时引发作物病害，如辣椒、番茄等果实脐腐症和叶色黄化，严重时可造成减产。具体信息见表 2–1。

2. 中量元素的拮抗作用

钙、镁可以抑制铁的吸收，因为钙、镁呈碱性，可以使铁由易吸收的二价铁转成难吸收的三价铁。中微量元素肥料钙过多，阻碍氮钾的吸收，易使新叶焦边，秆细弱，叶色淡。过量施用石灰造成土壤溶液中过多的钙离子，与镁离子产生拮抗作用，影响作物对镁的吸收。同时，还易引起作物体内硼、铁、磷的缺乏。镁过多，茎秆细弱、果实变小，易滋生真菌性病害。具体信息见表 2–2。

3. 微量元素的拮抗作用

缺硼影响水分和钙的吸收及其在体内的移动，导致分生细胞缺钙，细胞膜的形成受阻，使幼芽及子叶细胞液呈强酸性，因而导致生长停止。缺硼还可诱发体内缺铁，使抗病性下降。具体信息见表 2–3。

（二）协同作用

协同作用就是“1+1 ＞ 2”的效应，两种或多种物质协同地起作用，其效果比每种物质单独起作用的效果之和大得多的现象，简单来说就是两种（或几种）物质在某一方面起相同或相似的作用，使效果更加明显。肥料中的协同作用主要

表 2–1　大量元素的拮抗作用

原因	引起缺乏的元素											
	氮	磷	钾	锌	锰	硼	铁	铜	镁	钙	镉	铝
高氮			×	×		×	×	×	×	×		
高磷	×		×	×		×	×	×	×		×	×
高钾	×			×		×	×		×	×		

表 2–2　中量元素的拮抗作用

原因	引起缺乏的元素												
	氮	磷	钾	锌	锰	硼	铁	铜	钼	镁	钙	硫	镉
低钙						×							
高钙	×	×	×	×		×	×	×		×			
高镁			×	×			×	×			×		
高硫		×							×				×

表 2-3 微量元素的拮抗作用

原因	引起缺乏的元素										
	氮	磷	钾	锌	锰	铁	铜	钼	镁	钙	镉
高锰		×		×		×	×	×	×	×	
高硼	×		×							×	
低硼						×				×	
高铁		×		×	×		×			×	
高铜					×	×		×			
低锌							×				
高锌		×			×	×	×				×
高钼						×					

是指某些元素具有促进作物吸收其他元素的作用，这种作用称为互助作用。有机肥与无机肥配合施用、水肥一体化等方式都是灌溉和施肥过程中的协同作用。

相同电性离子间的协助作用：维茨效应，外部溶液中 Ca^{2+}、Mg^{2+}、Al^{3+} 等二价及三价离子，特别是 Ca^{2+} 能促进 K^{+}、Rb^{+} 及 Br^{-} 的吸收，根里面的 Ca^{2+} 并不影响钾的吸收。但维茨效应是有限度的，高浓度的 Ca^{2+} 反而会减少植物对其他离子的吸收。通常，大部分营养元素在适量浓度的情况下，对其他元素有促进吸收作用；促进作用通常是双向的；阴离子与阴离子之间也有促进作用，一般多价的促进一价的吸收。

1. 大量元素的促进作用

磷能促使作物充分吸收钼，钾能促进铁的吸收，镁和磷具有很强的双向互助依存吸收作用，可使植株生长旺盛，雌花增多，并有助于硅的吸收，增强作物的抗病性和抗逆能力。具体信息见表 2-4。

2. 中微量元素的促进作用

镁和磷具有很强的双向互助依存吸收作用，可使植株生长旺盛，雌花增多，并有助于硅的吸收，增强作物的抗病性、抗逆能力。钙和镁有双向互助吸收作用，可使果实早熟，硬度好，耐储运。有双向协助吸收关系的还包括：锰与氮、钾、铜；硼可以促进钙的吸收，增强钙在植物体内的移动性。氯离子是生物化学

表 2-4 大量元素的促进作用

元素	氮	磷	钙	镁	铁	硼	锰	钼	硅	NH_4^+
氮		√		√			√			
磷	√		√	√			√	√	√	
钾	√				√	√	√			√

最稳定的离子，它能与阳离子保持电荷平衡，是维持细胞内渗透压的调节剂，其功能是不可忽视的。氯比其他阴离子活性大，极易进入植物体内，因而也加强了伴随阳离子（Na^+、K^+、NH_4^+ 等）的吸收。锰可以促进硝酸还原作用，有利于合成蛋白质，因而提高了氮肥利用率。缺锰时，植物体内硝态氮积累，可溶性非蛋白氮增多。具体信息见表 2–5。

3. 其他因素的促进作用

当土壤溶液呈酸性时，植物吸收阴离子多于阳离子，而在碱性反应中，吸收阳离子多于阴离子。具体信息见表 2–6。

第二节　肥料分类及适宜施用方式

《汉语大字典》里肥料的定义：能供给养分使植物发育生长的物质。肥料的种类很多，有无机肥和有机肥。所含的养分主要是氮、磷、钾 3 种。《中国农业百科全书 · 农业化学卷》里肥料的定义：为作物直接或间接提供养分的物料。施用肥料能促进作物的生长发育、提高产量、改善品质和提高劳动生产率。有机肥料的施用，还可改良土壤结构，改善作物生长的环境条件，对作物持续、稳定增

表 2–5　中微量元素的促进作用

元素	氮	磷	钾	钙	镁	铜	锰	锌	钠	硅	NH_4^+	铷	溴
钙		√			√								
镁		√	√	√						√		√	√
铁			√										
硼				√									
铜							√	√					
锰	√	√	√			√							
氯			√						√		√		

表 2–6　其他因素的促进作用

	氮	磷	钾	钙	镁	铁	硼	铜	锰	钠	硅	NH_4^+	铷	溴
PO_4^{3-}			√	√	√									
SO_4^{2-}			√	√	√									
NO_3^-			√	√	√									
A1			√										√	√
NH_4^+			√											
有机肥	√	√	√	√	√	√	√	√	√		√			

产起着重要作用。

GB/T 6274—2016《肥料和土壤调理剂 术语》中肥料的定义：肥料是以提供植物养分为主要功效的物料。通常来讲，肥料是指提供一种或一种以上植物必需的营养元素，改善土壤性质、提高土壤肥力水平的一类物质。我国《肥料登记管理办法》的定义：肥料是指用于提供、保持或改善植物营养和土壤物理、化学性能以及生物活性，能提高农产品产量，或改善农产品品质，或增强植物抗逆性的有机、无机、微生物及其混合物料。本书所述的肥料，除特殊说明外，均按《肥料登记管理办法》中的肥料定义执行。

一、肥料的分类

肥料是促进农作物生长发育、提高农业生产效益的重要生产资料。面对五花八门、品种繁多的各种肥料，结合自身生产需要，根据肥料种类、特点、成分和功效，选择适宜的肥料，是众多农业生产者的必备知识。肥料的分类方法如下。

（一）按照来源和成分

主要分为有机肥料、无机肥料（化学肥料）和生物肥料。

1. 有机肥料

主要包括传统有机肥和商品有机肥。传统有机肥主要包括人粪尿、厩肥、家畜粪尿、禽粪、堆沤肥、饼肥、绿肥等。

2. 无机肥料

常见的无机肥料（化学肥料）主要有单质肥料、复合肥料、缓控释肥料、水溶肥料等。

3. 生物肥料

目前在农业生产中应用的生物肥料主要有三大类，即单一生物肥料、复合生物肥料和复混生物肥料。

（二）按照市场状况

主要分为常规肥料和新型肥料。

1. 常规肥料

包括无机肥料和有机肥料，无机肥料主要包括氮肥、磷肥、钾肥、微肥及复合肥料等；有机肥料一般包括以下 6 类：粪尿肥、堆沤肥类、泥土类、泥炭类、饼肥类及城市废弃物类。

2. 新型肥料

一般包括微量元素肥料、微生物肥料、氨基酸肥料、腐植酸肥料、添加剂类肥料、有机水溶肥料、缓控释肥料等。

（三）按含养分种类

可分为单质肥料、复合肥料两种。

（四）按作用

可分为直接肥料、间接肥料两种。

（五）按肥效快慢

可分为速效肥料、缓效肥料两种。

（六）按形态

可分为固体肥料、液体肥料、气体肥料等。

（七）按作物对营养元素的需要

可分为大量元素肥料、中量元素肥料、微量元素肥料 3 种。

（八）按肥料分级及要求

以有害物质限量指标将肥料划分为生态级、农田级、园林级 3 个级别。

二、不同类型肥料以及施用方式

（一）有机肥料

主要包括传统有机肥和商品有机肥。

1. 传统有机肥

有机肥是农业生产中的重要肥源，其养分全面，肥效均衡持久，既能改善土壤结构、培肥改土，促进土壤养分的释放，又能供应及改善作物营养，具有化学肥料不可替代的优越性，对发展有机农业、绿色农业有重要意义。有机肥在提供作物全面营养、促进生长、提高抗旱耐涝能力、促进土壤微生物繁殖、改良土壤结构、增强土壤的保肥供肥及缓冲能力、提高肥料利用率等方面发挥着重要作用。北京市设施生产常用的有机肥种类有鸡粪、猪粪、牛粪、羊粪、沼渣和沼液、商品有机肥等，其主要成分及特性见表 2–7。

2. 商品有机肥

以植物和（或）动物为主要来源，经过发酵腐熟的含碳有机物料叫有机肥料，其有机质含量≥30%，氮、磷、钾总养分含量≥4.0%，养分配比合理，可改善土壤肥力、提供植物营养、提高作物品质。有机肥料的外观颜色为褐色或灰褐色，粒状或粉状，均匀，无恶臭，无机械杂质。商品有机肥料的技术指标应符合表 2–8 的条件。

3. 有机肥施用方法

不同作物生长的需肥规律、需肥量都不同，因此，在西甜瓜、草莓等设施作

表 2-7　常见有机肥种类及主要成分、特性

有机肥种类	主要成分及特性
鸡粪	养分含量高，有机质含量25%、氮1.63%、P_2O_5 1.50%、K_2O 0.85%，含氮、磷较多，养分比较均衡，是细肥，易腐熟，属于热性肥料，可作底肥、追肥，用作苗床肥料较好。鸡粪中含有一定的钙，但镁较缺乏，应注意和其他肥料配合施用
猪粪	有机质含量25%、氮0.45%、P_2O_5 0.20%、K_2O 0.60%，含有较多的有机物和氮、磷、钾，氮、磷、钾比例在2∶1∶3左右，质地较细，碳氮比小，容易腐熟，肥效相对较快，是一种比较均衡的优质完全肥料；多作底肥秋施或早春施
牛粪	有机质含量20%、氮0.34%～0.80%、P_2O_5 0.16%、K_2O 0.40%，质地细密，但含水量高，养分含量略低，腐熟慢，属于冷性肥料，肥效较慢，堆积时间长，最好和热性肥料混堆，堆积过程中注意翻倒；可作晚春、夏季、早秋底肥施用
羊粪	有机质含量32%、氮0.83%、P_2O_5 0.23%、K_2O 0.67%，质地细，水分少，肥分浓厚，发热特性比马厩肥略次，是迟、速兼备的优质肥料；羊粪适用性广，可作底肥或追肥
秸秆堆肥	有机质含量15%～25%、氮0.40%～0.50%、P_2O_5 0.18%～0.26%、K_2O 0.45%～0.70%，碳氮比高，属于热性肥料，分解较慢，但肥效持久，长期施用可以起到改土的作用；多用作底肥
沼渣与沼液	沼渣与沼液是由秸秆与粪尿在密闭厌氧条件下发酵后沤制而成的，含有丰富的有机质、氮、磷、钾等营养成分及氨基酸、维生素、酶、微量元素等生命活性物质，是一种优质、高效、安全的有机肥料；沼渣质地细，安全性好，养分齐全，肥效持久，可作底肥、追肥；沼液是一种液体速效有机肥料，可叶面喷施、浸种或与高效速溶化肥配合施用作追肥

表 2-8　商品有机肥料的技术指标

项目	指标
有机质的质量分数（以烘干基计）/% ≥	30
总养分（$N+P_2O_5+K_2O$）的质量分数（以烘干基计）/% ≥	4.0
水分（鲜样）的质量分数 /% ≤	30
酸碱度（pH）	5.5～8.5
种子发芽指数（GI）/% ≥	70
机械杂质的质量分数 /% ≤	0.5
总砷（As）（以烘干基计）/（毫克 / 千克）≤	15
总汞（Hg）（以烘干基计）/（毫克 / 千克）≤	2
总铅（Pb）（以烘干基计）/（毫克 / 千克）≤	50
总镉（Cd）（以烘干基计）/（毫克 / 千克）≤	3
总铬（Cr）（以烘干基计）/（毫克 / 千克）≤	150
蛔虫卵死亡率 /% ≥	95
粪大肠杆菌群数 /（个 / 克）≤	100
氯离子的质量分数 /%	按照 GB/T 15063—2020 附录 B 的规定执行

物生产过程中要针对作物生长需求施用相应的有机肥来满足其需要。调研结果显示，目前农户有机肥平均使用量是 2.0 ~ 3.0 吨 / 亩，具体施用有机肥时应注意由于累积效应多年后应下调用量，如果超过推荐阈值会带来生长抑制。不同土壤类型其土壤物理、化学和生物状况不同，致使有机肥施入后的作用、在土壤中的养分转化性能和土壤保肥性能不同，因此，根据西甜瓜、草莓等作物生长的土壤类型及该地块的种植年限，有机肥推荐种类和数量不同（表 2–9）。

表 2–9　不同土壤类型及种植年限有机肥推荐施用种类及施用量

单位：吨 / 亩

土壤类型	2 ~ 3 年新田	大于 5 年老田	
	粪肥、堆肥	堆肥	粪肥 + 秸秆
砂壤土	2 ~ 3	1.5 ~ 2	1+1
黏性土	1 ~ 2	1 ~ 1.5	1+2

（二）无机肥料

主要包括单质肥料、复合肥料、缓控释肥料、水溶肥料等。

无机肥料是指用化学方法制造或者开采矿石，经过加工制成的肥料，也称化学肥料。化肥种类的划分方法很多，按照化肥中所含养分种类多少，可以将化肥分为单元化学肥料（也称单质化肥）、多元化学肥料和完全化学肥料；按照化肥的养分种类，可将化肥分为氮肥、磷肥、钾肥、复合肥料、复混肥料、掺混肥料和中微量元素肥料；按照形态可将化肥分为固体化肥、液体化肥和气体化肥。化肥与有机肥相比，养分含量高，肥效快，容易保存并保存期长，单位面积使用量少，便于运输，节约劳动力。作物生长养分需求量大，其中无机化学元素养分供应是生长养分需求的主要来源，为了改善设施土壤质量，保障作物的优质、高产和高效生产，正确地选择肥料配方、种类以及高效施肥方式是至关重要的。

1. 单质肥料

单质肥料是指只含有氮、磷、钾 3 种主要养分之一，如硫酸铵只含氮素，过磷酸钙只含磷素，硫酸钾只含钾素。

（1）氮肥

只含有氮养分，常用的有尿素（含氮 46%）、碳酸氢铵（碳铵，含氮 17%）、硝酸铵（硝铵，含氮 34%）、硫酸铵（硫铵、肥田粉，含氮 20.5% ~ 21.0%）、氯化铵（含氮 25%）等。北京地区番茄生产主要为设施栽培，常用的单质氮肥品种主要为尿素，其他含有铵态氮肥的单质氮肥施用不当易产生氨害，近年来很少使用。

尿素（又称为碳酰二胺），分子式为 $CO(NH_2)_2$，因为在人尿中含有这种物质，所以取名尿素，是固体氮肥中含氮量最高的。尿素是生理中性肥料，在土壤中不残留任何有害物质，长期施用没有不良影响。但在造粒中温度过高会产生少量缩二脲，又称双缩脲，对作物有抑制作用。尿素是有机态氮肥，经过土壤中的脲酶作用，水解成碳酸铵或碳酸氢铵后才能被作物吸收利用，因此，尿素要在作物的需肥期前 4 ~ 8 天施用。尿素适合各种土壤，与硫酸铵、磷酸铵、氯化钾、硫酸钾混配良好，不能与过磷酸钙混配，与硝酸铵混配易产生水分，但液体肥料可以。可作底肥、追肥，作种肥用量要小于 5 千克 / 亩（种肥隔离）。

（2）磷肥

只含有磷养分，常用的有过磷酸钙（普钙，含 P_2O_5 16% ~ 18%）、重过磷酸钙（重钙，含 P_2O_5 40% ~ 50%）、钙镁磷肥（P_2O_5 16% ~ 20%）、钢渣磷肥（P_2O_5 15%）、磷矿粉（P_2O_5 10% ~ 35%）等。北京地区常见的单质磷肥品种主要为过磷酸钙。目前京郊设施番茄土壤有效磷含量普遍较高，据 2018 年全市设施菜田长期定位监测结果菜田有效磷平均含量达到 150 毫克 / 千克，属于极高水平，因此，在番茄生长过程中不建议底肥补充磷肥，建议在追肥阶段适当补充磷肥。新菜田建议施用过磷酸钙，老菜田在追肥阶段追施一些低磷水溶肥料。

过磷酸钙，主要成分为磷酸二氢钙 $Ca(H_2PO_4)_2$ 和石膏 $CaSO_4 \cdot 2H_2O$，又称过磷酸石灰，其中 80% ~ 95% 溶于水，属于水溶性速效磷肥，可直接作磷肥，也可用于制复合肥料。由于过磷酸钙的品位较低，单位有效成分的销售价格偏高，磷肥工业又出现一些高浓度磷肥。用磷酸和磷灰石反应，所得产物中不含硫酸钙，而是磷酸二氢钙，这种产品被称为重过磷酸钙，为灰白色粉末，含有效 P_2O_5 高达 30% ~ 45%，为过磷酸钙的 2 倍以上。重过磷酸钙主要用作酸性磷肥，与尿素混配易生水，所以不常用。过磷酸钙可作底肥、追肥、种肥，底肥深施，可与有机肥混施。

（3）钾肥

只含有钾养分，常用品种有硫酸钾（含氧化钾 48% ~ 52%）、氯化钾（含氧化钾 50% ~ 56%）等，硫酸钾是番茄常用的钾肥品种，番茄属于对氯中等敏感作物，应少施氯化钾等含氯肥料，但近年来北京地区发展高品质番茄，适当施用含氯肥料，对提高番茄糖度和口感有积极作用。

硫酸钾，分子式为 K_2SO_4。化学中性，生理酸性肥料，无色结晶体，吸湿性小，不易结块，物理性状良好，施用方便，是很好的水溶性钾肥。京郊土壤属石灰性土壤，土壤 pH 较高，一般在 7.5 ~ 8.5，因此，对于 pH 较高的新菜田，硫酸根与土壤中钙离子易生成不易溶解的硫酸钙（石膏），硫酸钙过多会造成土壤板结，此时应重视增施有机肥；老菜田由于大量投入有机肥和化肥，土壤碱性较低或偏酸性，过多的硫酸钾会使土壤酸性加重，甚至加剧土壤中活性铝、铁对作物的毒害，应注意老菜田土壤 pH 变化。

氯化钾，分子式为 KCl。白色或红色粉末或颗粒，化学中性，生理酸性，肥效快，可作底肥、追肥，盐碱地尽量不用，酸性土壤应配合石灰。

2. 复合肥料

复合肥料是指氮、磷、钾 3 种养分中，至少有 2 种养分标明量的由化学方法和（或）掺混方法制成的肥料。氮、磷、钾三元复混肥按总养分含量分为高浓度（总养分含量≥40.0%）、中浓度（总养分含量≥30.0%）、低浓度（总养分含量≥25.0%）3 档。根据制造工艺和加工方法可分为复合肥料、复混肥料和掺混肥料。

（1）复合肥料

指氮、磷、钾 3 种养分中，至少有 2 种养分标明量的仅由化学方法制成的肥料，是复混肥料的一种。

（2）复混肥料

指氮、磷、钾 3 种养分中，至少有 2 种养分标明量的由化学方法和（或）掺混方法制成。

（3）掺混肥料

指氮、磷、钾 3 种养分中，至少有 2 种养分标明量的由干混方法制成颗粒状肥料的肥料。

（4）有机－无机复混肥料

指含有一定量有机质的复混肥料。

西甜瓜和草莓上使用较多的是复合肥料和复混肥料。

复合肥料

复合肥料是具有固定分子式结构的化合物，具有固定的养分含量和比例。常见的复合肥料种类主要包括磷酸二铵、磷酸一铵、磷酸二氢钾、硝酸钾等。

复合肥料具有以下优缺点。主要优点：一是复合肥料含有 2 种或 2 种以上的作物需要的元素，养分含量高，能比较均衡和长时间地供应作物需要的养分，提高施肥增产效果；二是复合肥料一般为颗粒状，吸湿小，不结块，具有一定的抗压强度和粒度，物理性状好，可以改善某些单质肥料的不良性状，便于储存，施用方便，特别是利于机械化施肥；三是复合肥料既可以作底肥和追肥，又可以作种肥，适用的范围比较广；四是复合肥料副成分少，在土壤中不残留有害成分，对土壤性质基本不会产生不良影响。主要缺点：一是氮、磷、钾养分比例相对固定，不能适用于各种土壤和各种作物对养分的需求，所以，在复合肥料施用过程中一般要配合单质肥料的施用才能满足各类作物在不同生育阶段对养分种类、数量的要求，达到作物高产对养分的平衡需求；二是复合肥料所含养分同时施用，有的养分可能与作物最大需肥时期不相吻合，易流失，难以满足作物某一时期对某一养分的特殊需求，不能发挥本身所含各养分的最佳施用效果。

常用以下几种复合肥。

①磷酸一铵和磷酸二铵。磷酸一铵和磷酸二铵中含有氮、磷两种养分，属于氮、磷二元型复合肥料，是发展最快、用量最大的复合肥料之一。

磷酸一铵又称磷酸铵，含磷 60% 左右，含氮 12% 左右，灰白色或淡黄色颗粒，不易吸湿、不易结块，易溶于水，化学性质呈酸性，是以磷肥为主的高浓度速效氮、磷复合肥。

磷酸二铵简称二铵，含磷 46% 左右，含氮 18% 左右，白色结晶体，吸湿性小，稍结块，易溶于水，制成颗粒状产品后不易吸湿、不易结块，化学性质呈碱性，是以含磷为主的高浓度速效氮、磷复合肥。

磷酸一铵、磷酸二铵是以磷为主的高浓度速效氮、磷复合肥。它不仅适用于各种类型的作物，而且适用于各种类型的土壤条件，特别是在碱性土壤和缺磷比较严重的土壤，增产效果十分明显，可以作底肥，也可作追肥或种肥。施用时，不能将磷酸二铵与碱性肥料混合施用，否则会造成氮的挥发，同时还会降低磷的肥效。

②磷酸二氢钾。磷酸二氢钾含磷 52%，含钾 34% 左右。纯品为白色或灰白色结晶体，物理性状好，吸湿性小，易溶于水，水溶液呈酸性，为高浓度速效磷、钾二元型复合肥料。

由于磷酸二氢钾价格比较昂贵，目前多用于根外追肥，特别是用于蔬菜，通常都会取得良好的增产效果。对于设施番茄，一般叶面喷施浓度 0.1% ~ 0.2%，喷施 2 ~ 3 次，间隔 7 天左右；磷酸二氢钾也可用作种肥，在播种前将种子在浓度为 0.2% 的磷酸二氢钾水溶液中浸泡 12 ~ 18 小时，捞出晾干即可播种；磷酸二氢钾用于追肥时通常采用叶面喷施的办法进行，叶面喷施是一种辅助性的施肥措施，必须在作物前期施足底肥，中期用好追肥的基础上，在生长关键时期及时喷施。

③硝酸钾。硝酸钾含氮 13%，含钾 44%，氮 ∶ 钾为 1 ∶ 3.4，白色晶体，吸湿性小，不易结块，易溶于水，不含副成分，生理反应和化学反应均为中性，

为不含氯的氮、钾二元复合肥料，也是含钾为主的高浓度复肥品种之一。

硝酸钾适用于各种作物，最适宜作追肥，每亩用量 10 ~ 15 千克。一般可采用浓度为 0.6% ~ 1.0% 的硝酸钾溶液进行根外追肥。施用时注意配合氮、磷化肥，以提高肥效。由于硝态氮易淋失，在设施大棚使用时注意控制灌溉量，忌大水灌溉，适宜结合微灌施肥措施。

复混肥料

复混肥料是以单质肥料（如尿素、磷酸一铵、硫酸钾、过磷酸钙、硫酸铵等）为原料，辅之以添加物，按照一定的配方配制、混合、加工造粒而制成的肥料。复混肥料是当前肥料行业发展最快的肥料品种。

复混肥料具有以下优缺点。主要优点有两个。一是养分全面，含量高。含有两种或两种以上的营养元素，能较均衡地、长时间地同时供给作物所需要的多种养分，并充分发挥营养元素之间的相互促进作用，提高施肥效果。可以根据不同类型土壤的养分状况和作物需肥特征，配制成系列专用肥，产品的养分比例多样化，针对性强，从而可避免某些养分的浪费，提高肥料利用率，同时也可避免农户因习惯施用单质肥而导致土壤养分不平衡。二是有利于施肥技术的普及。测土配方施肥是一项技术性强、要求高而又面广量大的工作，推广到每家每户是一直难以解决的问题。将配方施肥技术通过专用复混肥这一物化载体，可以真正做到技物结合，从而可以加速配方施肥技术的推广应用。主要缺点也有两个。一是所含养分同时施用，有的养分可能与作物最大需肥期不相吻合，易流失，难以满足作物某一时期对养分的特殊要求。二是养分比例固定的复混肥料，难以同时满足各类土壤和各种作物的要求。

复混肥中的氮、磷、钾比例一般氮以纯氮（N）、磷以五氧化二磷（P_2O_5）、钾以氧化钾（K_2O）为标准计算，例如，氮：磷：钾 =15 ：15 ：15，表明在复混肥中纯氮含量占总物料量的 15%，五氧化二磷占 15%，氧化钾占 15%，氮、磷、钾总含量占总物料的 45%。根据总养分含量可分为 3 种不同浓度的复混肥料。

复混肥料一般用作底肥，不提倡用作追肥，不能用作种肥和叶面追肥，防止烧苗和烧叶现象发生。①复混肥料适宜作底肥，作底肥宜深施，有利于中后期作物根系对养分的吸收。复混肥料含有氮、磷、钾 3 种营养元素，作底肥可以满足作物中后期对磷、钾养分的最大需要，可以克服中后期追施磷、钾肥的困难。②三元复混肥料不提倡用作追肥，作追肥会导致磷、钾资源浪费，因为磷、钾肥施在土壤表面很难发挥作用，当季利用率不高。如果底肥中没有施用复混肥料，在出苗后也可适当追施，但最好开沟施用，并且施后要覆土。③高浓度复混肥料不能作种肥，因为高浓度肥料与种子混在一起容易烧苗，如果一定要作种肥，必须做到肥料与种子分开，以免烧苗。④复混肥料可作冲施肥，对于多次采收的蔬菜，每次采收后冲施复混肥料可以补充适当的养分，应选用氮、钾含量高、全水溶性的复混肥，一般设施西甜瓜及草莓的土壤速效磷含量极高，一般选用低磷的三元复混肥料作为冲施肥。

3. 缓控释肥料

缓控释肥料是结合现代植物营养与施肥理论和控制释放高新技术，并考虑作物营养需求规律，采取某种调控机制技术延缓或控制肥料在土壤中的释放期与释放量，使其养分释放模式与作物养分吸收相协调或同步的新型肥料。一般认为，所谓"释放"是指养分由化学物质转变成植物可直接利用的有效形态的过程（如溶解、水解、降解等）。"缓释"是指化学物质养分释放速率远小于速溶性肥料施入土壤后转变为植物有效养分的释放速率。缓释肥料在土壤中能缓慢放出其养分，它对作物具有缓效性或长效性，只能延缓肥料的释放速度，达不到完全控释的目的。缓释肥料的高级形式为控释肥料，它使肥料的养分释放速度与作物需要的养分量一致，使肥料利用率达到最高。广义上来说，控释肥料包括了缓释肥料。控释肥料是以颗粒肥料（单质或复合肥）为核心，表面涂覆一层低水溶性的无机物质或有机聚合物，或者应用化学方法将肥料均匀地融入并分解在聚合物中形成多孔网络体系，根据聚合物的降解情况而促进或延缓养分的释放，使养分的供应能力与作物生长发育的需肥要求协调一致的一种新型肥料。包膜控释肥料是其中最大的一类。

按照 GB/T 23348—2009《缓释肥料》的定义：缓释肥料是指通过养分的化学复合或物理作用，使其对作物的有效养分随着时间而缓慢释放的化学肥料。其技术要求包括：初期养分释放率≤ 15%，28 天累积养分释放率≤ 80%，标明养分释放期等。

4. 水溶肥料

水溶肥料是指经水溶解或稀释，用于灌溉施肥、叶面施肥、无土栽培、浸种蘸根等用途的液体或固体肥料。从养分含量分有大量元素水溶肥料、中量元素水溶肥料、微量元素水溶肥料、含氨基酸水溶肥料、含腐植酸水溶肥料、有机水溶肥料等（表 2–10）。水溶肥料作为一种速效肥料，它的营养元素比较全面，且根据不同作物不同时期的需肥特点相应的肥料有不同的配方。

（1）大量元素水溶肥料

指以大量元素氮、磷、钾为主要成分并添加适量中微量元素的固体或液体水溶肥料。执行标准为 NY/T 1107—2020，大量元素水溶肥料固体和液体产品技术指标应符合表 2–11 的要求，同时应符合包装标识的标明值。

表 2–10　水溶肥的执行标准

类别	执行标准
大量元素水溶肥料	NY/T 1107—2020
中量元素水溶肥料	NY 2266—2012
微量元素水溶肥料	NY 1428—2010
含氨基酸水溶肥料	NY 1429—2010
含腐植酸水溶肥料	NY 1106—2010

大量元素水溶肥料产品中若添加中量元素养分，须在包装标识上注明产品中所含单一中量元素含量、中量元素总含量。中量元素含量指钙、镁元素含量之和，产品应至少包含其中一种中量元素。单一中量元素含量≥0.1% 或 1 克 / 升，单一中量元素含量低于 0.1% 或 1 克 / 升不计入中量元素总含量。当单一中量元素标明值≤2.0% 或 20 克 / 升时，各元素测定值与标明值负相对偏差的绝对值应≤40%；当单一中量元素标明值大于 2.0% 或 20 克 / 升时，各元素测定值与标明值负偏差的绝对值应≤1.0% 或 10 克 / 升。

大量元素水溶肥料产品中若添加微量元素养分，须在包装标识上注明产品中所含单一微量元素含量、微量元素总含量。微量元素含量指铜、铁、锰、锌、硼、钼元素含量之和，产品应至少包含其中一种微量元素。单一微量元素含量≥0.05% 或 0.5 克 / 升，钼元素含量≤0.5% 或 5 克 / 升。单一微量元素含量低于 0.05% 或 0.5 克 / 升不计入微量元素总含量。当单一微量元素标明值≤2.0% 或 20 克 / 升时，各元素测定值与其标明值正负相对偏差的绝对值应≤40%；当单一微量元素标明值大于 2.0% 或 20 克 / 升时，各元素测定值与其标明值正负偏差的绝对值应

表 2–11　大量元素水溶肥料的要求

项目		固体产品 /%	液体产品 /（克 / 升）
大量元素含量[a]≥		50.0	400
水不溶物含量≤		1.0	10
水分（H_2O）含量≤		3.0	/
缩二脲含量≤		0.9	
氯离子含量[b]	未标“含氯”的产品≤	3.0	30
	标识“含氯（低氯）”的产品≤	15.0	150
	标识“含氯（中氯）”的产品≤	30.0	300

a 大量元素含量指总 N、P_2O_5、K_2O 含量之和。产品应至少包含其中两种大量元素。单一大量元素含量≥4.0% 或 40 克 / 升。各单一大量元素测定值与标明值负偏差的绝对值应≤1.5% 或 15 克 / 升。

b 氯离子含量大于 30.0% 或 300 克 / 升的产品，应在包装袋上标明“含氯（高氯）”，标识“含氯（高氯）”的产品，氯离子含量可不做检验和判定。

≤1.0% 或 10 克 / 升。

固体大量元素水溶肥料产品若为颗粒形状，粒度（1.00 ~ 4.75 毫米或 3.35 ~ 5.60 毫米）应≥90%；特殊性状或更大颗粒（粉状除外）产品的粒度可由供需双方协议确定。

大量元素水溶肥料中汞、砷、镉、铅、铬限量指标应符合 NY 1110—2010《水溶肥料 汞、砷、镉、铅、铬的限量要求》农业行业标准要求，具体见表 2-12。

（2）中量元素水溶肥料

指以中量元素钙、镁为主要成分的液体或固体水溶肥料，产品中应该至少包含一种中量元素。执行标准为 NY 2266—2012，中量元素水溶肥料技术指标应符合表 2-13 的要求。

若中量元素水溶肥料中添加微量元素成分，则微量元素含量应≥0.1% 或 1 克 / 升，且≤中量元素含量的 10%。中微量元素水溶肥料中汞、砷、镉、铅、铬限量指标见表 2-12。

（3）微量元素水溶肥料

是指含有农作物正常生长所必需的微量元素的固体或液体水溶肥料，如硼肥、锰肥、铜肥、锌肥、钼肥、铁肥、氯肥等，产品应至少包含一种微量元素，也可以是含有多种微量营养元素的复合肥料。执行标准为 NY 1428—2010，微量元素水溶肥料技术指标应符合表 2-14 的要求

微量元素水溶肥料中汞、砷、镉、铅、铬限量指标见表 2-12。

（4）含氨基酸水溶肥料

含氨基酸水溶肥料是指以游离氨基酸为主体，按适合植物生长所需比例，添加适量钙、镁中量元素或铜、铁、锰、锌、硼、钼微量元素而制成的液体或固体水溶肥料。按添加中量、微量营养元素类型将含氨基酸水溶肥料分为中量元素型和微量元素型。氨基酸以游离氨基酸含量的形式标明，执行标准为 NY 1429—2010，其具体技术指标见表 2-15、表 2-16。

（5）含腐植酸水溶肥料

含腐植酸水溶肥料是指以适合植物生长所需比例的矿物源腐植酸为主体，添加适量氮、磷、钾大量元

表 2-12 水溶肥料汞、砷、镉、铅、铬元素限量要求

单位：毫克 / 千克

项目	指标
汞（以 Hg 元素计）≤	5
砷（以 As 元素计）≤	10
镉（以 Cd 元素计）≤	10
铅（以 Pb 元素计）≤	50
铬（以 Cr 元素计）≤	50

素或铜、铁、锰、锌、硼、钼微量元素而制成的液体或固体水溶肥料。这里面的矿物源腐植酸是指由动植物残体经过微生物分解、转化以及地球化学作用等系列过程形成的，从泥炭、褐煤或风化煤提取而得，含苯核、羧基和酚羟基等无定形高分子化合物的混合物。按添加大量、微量营养元素类型将含腐植酸水溶肥料分为大量元素型和微量元素型，其中，大量元素型产品分为固体或液体两种剂型，微量元素型产品仅为固体剂型。执行标准为 NY 1106—2010，具体技术指标见表 2–17、表 2–18。

（6）海藻酸水溶肥

相关研究表明，海藻酸水溶肥的有效成分与活性物质超过 66 种，对促进农作物生长起重要作用。海藻酸水溶肥能为作物供应齐全的大量营养元素、微量营

表 2–13　中量元素水溶肥料技术指标

产品形态	项目	指标
固体产品	中量元素含量[a]/ % ≥	10.0
	水不溶物含量 /% ≤	5.0
	pH（1 ∶ 250 倍稀释）	3.0 ~ 9.0
	水分含量（H_2O）/% ≤	3.0
液体产品	中量元素含量[a]/（克 / 升）≥	100
	水不溶物含量 /（克 / 升）≤	50
	pH（1 ∶ 250 倍稀释）	3.0 ~ 9.0

a 中量元素含量指钙含量或镁含量或钙镁含量之和。固体产品含量≥ 1.0%、液体产品含量≥ 10 克 / 升的钙或镁元素均应计入中量元素含量中。硫含量不计入中量元素含量，仅在标识中标注。

表 2–14　微量元素水溶肥料技术指标

产品形态	项目	指标
固体产品	微量元素含量[a]/% ≥	10.0
	水不溶物含量 /% ≤	5.0
	pH（1 ∶ 250 倍稀释）	3.0 ~ 10.0
	水分含量（H_2O）/% ≤	6.0
液体产品	微量元素含量[a]/（克 / 升）≥	100.0
	水不溶物含量 /（克 / 升）≤	50.0
	pH（1 ∶ 250 倍稀释）	3.0 ~ 10.0

a 微量元素含量指铜、铁、锰、锌、硼、钼元素含量之和。产品应至少包含一种微量元素。固体产品含量≥ 0.05%、液体产品含量≥ 0.5 克 / 升的单一微量元素应计入微量元素含量中。固体产品钼元素含量≤ 1.0%，液体产品钼元素含量≤ 10 克 / 升（单质含钼微量元素产品除外）。

表 2-15　含氨基酸水溶肥料（中量元素型）技术指标

产品形态	项目	指标
固体产品	游离氨基酸含量 /% ≥	10.0
	中量元素含量[a]/% ≥	3.0
	水不溶物含量 /% ≤	5.0
	pH（1 ：250 倍稀释）	3.0 ~ 9.0
	水分含量（H_2O）/% ≤	4.0
液体产品	游离氨基酸含量 /（克 / 升）≥	100.0
	中量元素含量[a]/（克 / 升）≥	30.0
	水不溶物含量 /（克 / 升）≤	50.0
	pH（1 ：250 倍稀释）	3.0 ~ 9.0

a 中量元素含量指钙、镁元素含量之和。产品应至少包含一种中量元素。固体产品含量≥ 0.1%、液体产品含量≥ 0.5 克 / 升的单一中量元素均应计入中量元素含量中。

表 2-16　含氨基酸水溶肥料（微量元素型）技术指标

产品形态	项目	指标
固体产品	游离氨基酸含量 /% ≥	10.0
	微量元素含量[a]/% ≥	2.0
	水不溶物含量 /% ≤	5.0
	pH（1 ：250 倍稀释）	3.0 ~ 9.0
	水分含量（H_2O）/% ≤	4.0
液体产品	游离氨基酸含量 /（克 / 升）≥	100.0
	微量元素含量[a]/（克 / 升）≥	20.0
	水不溶物含量 /（克 / 升）≤	50.0
	pH（1 ：250 倍稀释）	3.0 ~ 9.0

a 微量元素含量指铜、铁、锰、锌、硼、钼元素含量之和。产品应至少包含一种微量元素。固体产品含量≥ 0.05%、液体产品含量≥ 0.5 克 / 升的单一微量元素均应计入微量元素含量中。钼元素含量≤ 5 克 / 升。

养元素、多种氨基酸、多糖、维生素及细胞分裂素等多种活性物质。海藻酸水溶肥能帮助植物建立健壮的根系，增加其对土壤养分、水分与气体的吸收利用；可增大植物茎秆的维管束细胞，加快水、养分与光合产物的运输；能促进植物细胞分裂，延迟细胞衰老，有效地提高光合作用效率，提高产量，改善品质，延长贮藏保鲜期，增强作物抗旱、抗寒、抗病虫害等多种抗逆功能。海藻肥还能破除土

表 2-17　含腐植酸水溶肥料（大量元素型）技术指标

产品形态	项目	指标
固体产品	腐植酸含量 /% ≥	3.0
	大量元素含量 [a]/% ≥	20.0
	水不溶物含量 /% ≤	5.0
	pH（1 ∶ 250 倍稀释）	4.0 ~ 10.0
	水分含量（H_2O）/% ≤	5.0
液体产品	腐植酸含量 /（克 / 升）≥	30.0
	大量元素含量 [a]/（克 / 升）≥	200.0
	水不溶物含量 /（克 / 升）≤	50.0
	pH（1 ∶ 250 倍稀释）	4.0 ~ 10.0

a 大量元素含量指总 N、P_2O_5、K_2O 含量之和。产品应至少包含两种大量元素。固体产品单一大量元素含量≥ 2.0%；液体产品单一大量元素含量≥ 20 克 / 升。

壤板结、治理盐碱与沙漠戈壁等。

近几年，含海藻酸的新型肥料层出不穷。在国外，海藻酸很早就应用于农业。用作肥料的海藻一般是大型经济藻类，如巨藻、泡叶藻、海囊藻等。海藻肥的核心物质是海藻提取物，主要原料选自天然海藻，经过特殊生化工艺处理，提取海藻中的精华物质，极大地保留了天然活性组分，含有大量的非含氮有机物，及陆地植物无法比拟的钾、钙、镁、锌、碘等 40 余种矿物质元素和丰富的维生素，特别含有海藻中所特有的海藻多糖、藻朊酸、高度不饱和脂肪酸和多种天然植物生长调节剂，具有很高的生物活性，可刺激植物体内非特异性活性因子的产生，调节内源激素平衡。

表 2-18　含腐植酸水溶肥料（微量元素型）技术指标

项目	指标
腐植酸含量 /% ≥	3.0
微量元素含量 [a]/% ≥	6.0
水不溶物含量 /% ≤	5.0
pH（1 ∶ 250 倍稀释）	4.0 ~ 10.0
水分含量（H_2O）/% ≤	5.0

a 微量元素含量指铜、铁、锰、锌、硼、钼元素含量之和。产品应至少包含一种微量元素。含量≥ 0.05% 的单一微量元素均应计入微量元素含量中。钼元素含量≤ 0.5%。

海藻生物结构简单，利于加工提取活性物质，已被广泛应用于医药、食品、农业等领域。2016 年工业和信息化部发布了行业推荐标准《海藻酸类肥料》，2021 年农业农村部发布了行业推荐标准《有机水溶肥料　通用要求》，其中对含海藻酸有机水溶肥料做了明确规定。农资市场上的海藻肥分类仍未统一，常见的几种分类如下。①按营养成分配比，添加植物所需要的营养元素制成液体或粉状，根据其功能，可分为广谱型、高氮型、高钾型、防冻型、抗病型、生长调节型、中微量元素型等，适用于所有作物。②按物态分为液体型海藻肥，如液体叶面肥、冲施肥；固体型海藻肥，如粉状叶面肥、粉状冲施肥、颗粒状海藻肥。③按附加的有效成分可分为含腐植酸的海藻肥、含氨基酸的海藻肥、含甲壳素的海藻肥、含稀土元素的海藻肥、含微生物的海藻菌肥和海藻生物有机肥等。④按施用方式划分为叶面肥：用于叶面施肥喷；冲施肥：用于浅表层根部施肥；浸种、拌种、蘸根海藻肥：海藻肥稀释一定倍数浸泡种子或拌种浸泡过的种子阴干后可播种，幼苗移栽或扦插时用海藻肥浸渍苗、插条茎部；滴灌海藻肥：用滴管施肥，用颗粒、粉状、复混海藻肥作底肥施用。

水溶肥料与传统单元肥料、二元肥料以及复合肥料相比，养分全面含量高，配方灵活，能迅速溶解于水中，养分更易被作物吸收，效果迅速，利用率高，用量更少，可应用于喷施、喷灌、滴灌，实现水肥一体化，省水、省肥、省工，施用经济、方便、安全，优点较多。一是配方灵活，养分全面，一般而言，水溶肥料含有作物生长所需要的全部营养元素，如氮、磷、钾、钙、镁、硫、微量元素以及氨基酸、腐植酸等，可据作物生长所需要的营养需求特点来设计、配方，满足作物对各种养分的均衡需求，并可随时根据作物不同长势对肥料配方作出调整和确定养分的准确数量，实现因品施肥、因时施肥，精准施肥。二是肥效快、利用率高，营养元素只有溶解到水中才能被植物充分吸收和利用，水溶肥就是充分利用了这一原理，自身完全溶于水，将肥料直接溶解于水中，溶解之后没有残渣，将水和肥有机集合起来，通过添加相应的螯合剂，使各种营养元素能够螯合成离子状态，防止营养元素通过淋溶而流失，不会出现拮抗作用，实现对作物生长过程中所需水分和养分的有效供给，可以更快地被农作物吸收，是一种养分平衡、速效新型肥料，肥料利用率高。一般水溶肥的肥效利用率可以达到70%～80%，较传统肥料（30%）几乎高出1倍有余，可以让种植者较快地看到肥料的效果，提高植物叶绿素的含量，增强绿色植物的光合作用，提高植物的活力，延缓植物的衰老，增强植物的抗病害、抗旱、抗寒、抗倒伏能力，还能促进果实发育、提早成熟，使果实更大，含有的营养成分更多，减肥增产效果明显。三是施用方便、经济、安全，水溶肥施用方式主要有喷灌、滴灌、无土栽培、叶面施肥等，一般随着灌水进行施肥，水肥一体施用方便，灌溉均匀，既节约了水，又节约了肥料，而且还节约了劳动力，适合于大面积机械化种植。水溶肥料选用的原料质量较高，电导率低，溶解后不会残留任何杂质，也不会对作物生长造成不良影响。使用浓度调节方便，对幼苗也是安全的，不用担心引起烧苗等不良后果。通过调整水溶肥配方，还可以改善土壤的酸碱程度，将土壤中已固化的营养物质重新活化。

水溶肥料一般用作追肥，可以进行灌溉施肥，还可以进行叶面喷施。

灌溉施肥是将施肥与灌溉结合在一起的一项农业技术，借助压力灌溉系统，在灌溉的同时将由固体肥料或液体肥料配兑而成的肥液一起输入到作物根部土壤。灌溉施肥可以在灌水量、施肥量和施肥时间等方面都达到很高的精度。灌溉施肥有多种方法，如地面灌溉施肥、喷灌施肥和微灌施肥，针对前者的肥料品种，称为冲施肥，针对后两者的肥料品种叫滴灌肥。灌溉施肥也应用于无土栽培中，营养液是无土栽培的关键，不同作物要求不同的营养液配方，而营养液的重要组成部分就是水溶肥料。灌溉施肥实现"水肥一体化"，适用于规模化种植的大农场、种植园，能节约灌溉水并提高劳动生产效率，实现节水、省肥、省工。

叶面喷施，是在其他施肥方式不允许的情况下和一些特定的情况下叶面喷施肥料及时为植物补充所需的养分。将水溶肥提前进行稀释处理，或与非碱性农药混合溶于水中，然后对作物进行叶面喷施，保证营养元素可以通过叶面气孔进入到植株内部。这种施肥方式主要适用于幼嫩或根系发育不良的作物，能够有效避免作物发生缺素症状，与其他施肥方式相比，作物吸收率更高，能有效改善肥水浪费情况。

（三）微生物肥料

按照 NY/T 1113—2006《微生物肥料　术语》的定义：微生物肥料是指含有特定微生物活体的制品，应用于农业生产，通过其中所含微生物的生命活动，增加植物养分的供应量或促进植物生长，提高产量，改善农产品品质及农业生态环境。

1. 分类

目前，微生物肥料包括微生物接种剂、复合微生物肥料和生物有机肥 3 种类型。

（1）微生物接种剂

也称微生物菌剂或农用微生物菌剂，是由特定微生物经过工业化生产扩繁后加工制成的活菌制剂。农用微生物菌剂包括根瘤菌剂、固氮菌剂、硅酸盐菌剂、溶磷菌剂、内生菌根菌剂、光合细菌剂、复合微生物菌剂（由 2 种或 2 种以上互不拮抗的微生物菌种制成的农用微生物菌剂）、有机物料腐熟剂、微生物浓缩制剂和土壤修复菌剂共 10 个品种。微生物菌剂有液体、粉剂和颗粒 3 种剂型，执行国家强制性标准 GB 20287—2006。标准中对菌剂的外观及有效活菌数（cfu）、杂菌率、pH 及有效期等技术指标都作了相关要求（表 2-19）。

（2）复合微生物肥料

由 1 种或 1 种以上特定微生物与营养物质（包括无机养分和有机质）复合而成的活体微生物制品。

（3）生物有机肥

是一类兼具微生物肥料和有机肥效应的肥料，由特定功能微生物与主要以畜禽粪便、农作物秸秆等动植物残体为来源并经腐熟加工处理的有机物料复合而成。

农业农村部测试中心批准登记产品有农用微生物菌剂、生物有机肥、复合微生物肥料 3 个类型共 12 个品种。截至 2021 年 4 月，测试中心微生物肥料登记产品已达 8 627 个。其中，微生物菌剂数量最多，达 4 512 个，占比 52.30%；生物有机肥 2 527 个，占比 29.29%；复合微生物肥料 1 588 个，占比 18.41%。

表 2–19　主要微生物肥料执行标准及有效活菌数量、有机质和总养分

类别	执行标准	有效活菌数量 /（亿/克或亿/毫升）			有机质含量（以干基计）/%	总养分 $(N+P_2O_5+K_2O)$/%	
		液体	粉剂	颗粒剂	固体	固体	液体
微生物菌剂	GB 20287—2006	≥2	≥2	≥1			
复合微生物肥料	NY/T 798—2015	≥0.5	≥0.2	≥0.2	≥20	8.0 ~ 25.0	6.0 ~ 20.0
生物有机肥	NY 884—2012		≥0.2	≥0.2	≥40		

2. 微生物肥料的优缺点

微生物肥料是生物活性肥料，核心是微生物，微生物资源丰富，种类和功能繁多，可开发成不同功能、用途的肥料。在实际应用中，微生物肥料能改良土壤，提高土壤肥力，促进植物营养吸收，调节植物生长，提高植物抗病性、抗逆性，从而提高作物品质和产量，增加效益。另外，从环境资源角度来看，微生物肥料减少化肥、农药用量，降低化肥重金属及农药残留等食品安全风险，同时具有资源再利用、无毒、无害、无污染、成本低的特点。

（1）改良土壤，提高土壤肥力

施用微生物肥料，微生物参与土壤养分转化和循环过程，包括分解有机物和动植物残体，释放养分；转化复合物的化学形态，改变其有效性；分解杀虫剂和除草剂；产生抗生素或其他拮抗特性，维持生态平衡或拮抗土传病害；产生黏合物质，利于土壤胶体和团粒结构形成；通过共生等作用为植物提供营养等有效改良土壤。肥料中的有益微生物还可提高土壤的生物多样性，调节微生物生态平衡，复合微生物肥料中的有机、无机营养及微生物可增加土壤中营养成分含量，从而提高土壤肥力。例如，固氮微生物肥料，可以增加土壤中的氮素含量；多种溶磷、解钾的微生物，如芽孢杆菌、假单胞菌的应用，可以将土壤中难溶的磷、钾分解出来，转变为作物能吸收利用的磷、钾化合物，使作物生长环境中的营养元素供应增加；微生物肥料中的有益微生物还可通过自身活动疏松土壤，降低土壤容重并提高孔隙度，提高土壤保水保肥及透气性能。

（2）促进植物营养吸收、调节植物生长

放入的微生物肥料会产生多种生理活性物质，包括植物激素类物质（如生长素、赤霉素、细胞分裂素、脱落酸、乙烯和酚类化合物及其衍生物）、有机酸、水杨酸和核酸类物质等，通过螯合作用、酸溶作用，合成螯合铁蛋白、铁载体，促进植物根系对磷钾的吸收、增强植物的光合作用、诱导开花，调节植物生长。例如，研究发现固氮菌等能够产生多种活性物质，如生长素、环己六醇、泛酸、吡哆醇、硫胺素等，固氮菌培养物中可检测到吲哚乙酸；荧光假单胞菌的所有菌株均能产生赤霉素和类赤霉素物质，部分菌株还能产生吲哚乙酸，少数菌株能合成生物素和泛酸；从枝菌根真菌能诱导牧草植株产生细胞分裂素（CTK），改变脱落酸（ABA）与赤霉素的比例。

（3）提高植物抗病性、抗逆性

微生物肥料中的微生物对病原微生物能产生直接的拮抗作用，抑制它们的生长繁殖。有益微生物在作物根部定植之后，大量生长、繁殖形成作物根际的优势菌群，通过对养分资源和生存空间的占用，对致病微生物产生竞争优势，从而抑制有害微生物的生长和繁殖，间接增强植物的抗病能力。同时微生物肥料中的有益微生物还可通过产生抗生素、分泌细胞壁降解酶、诱导植物系统抗性等方式，有效抑制病原微生物的生长。链霉菌（*Streptomyces*）作为生产抗生素的主要菌属，对许多植物病原菌具有较好的抑制效果，常被用于农业生产上的防病保苗。目前，细黄链霉菌（*Streptomyces microflavus*）是我国主要使用的具有抗生作用的链霉菌属中的常见菌种。研究发现，细黄链霉菌 AMYa-008 对尖镰孢（*Fusarium oxysporum*）、立枯丝核菌（*Rhizoctonia solani*）等 8 种常见植物病害真菌具有广谱抑制效果，但其作用机制还有待进一步研究。枯草芽孢杆菌作为我国微生物肥料中广泛使用的一种微生物，在植物抗病性方面具有巨大潜力。肖小露（2017）研究表明，枯草芽孢杆菌 BS193 抗菌粗提物中含有伊枯草菌素（iturins）、丰原菌素（fenycins）、表面活性素（surfactins）3 类脂肽类抗菌活性物质，显著抑制了辣椒疫霉菌菌丝生长。肥料中有一些特别的微生物，在特别恶劣的环境下，能够增强宿主植株的抗旱性、抗寒性和抗盐碱性，进一步提升植株的存活能力。

（4）改善作物品质，提高产量

微生物肥料能改善作物品质。根瘤菌固定的氮能输往籽粒，使豆科作物的籽粒蛋白质含量提高。有些微生物肥料能增加作物的维生素含量，降低叶菜类作物中的硝酸盐含量，提高果菜类作物中的糖分含量等。微生物肥料在种植区域的使用可以有效提升农作物的产量，相关的研究人员将小麦、玉米、番茄以及马铃薯这 4 种农作物在种植区域内开展田间试验。试验证明，相同地区种植这 4 种农作物时施用微生物肥料比没有施用的小麦产量提升 4.8%、玉米提升 18.1%、番茄提升 11.6%、马铃薯提升 36.3%。

（5）减少化肥用量，保护生态环境

微生物肥料的施用可以提高化肥利用率，能大大降低化肥的使用量，减少化肥对于土壤和地表水的污染，保护生态环境，对减少经济浪费和保护环境起到一定的作用。据测算，我国每年盲目施用化肥造成浪费 100 万吨，损失人民币达 5 亿元之多，而且化肥用量大的地区，地下水污染问题日益严重。实践证明，施用微生物肥料代替部分化肥，可以缓解化肥使用不当（特别是氮肥的不合理使用）所带来的地力退化、环境污染及农产品品质下降等副作用，促进农业的可持续发展。

3. 微生物肥料的施用方式

根据 NY/T 1535—2007《肥料合理使用准则　微生物肥料》推荐，微生物肥料的选择要基于有利于目的微生物的生长、繁殖及其功能发挥，有利于其与农作物亲和，以及与土壤环境相适应的 3 个基本原则，根据作物种类、土壤条件、气候条件及耕作方式选择获得农业农村部登记许可的适宜的微生物肥料产品。对于豆科作物，在选择根瘤菌菌剂时，应选择与之共生结瘤固氮的合格产品。在施用微生物肥料时，应根据需要确定微生物肥料的施用时期、次数及数量，为保证微生物活性，产品应贮存在阴凉干燥的场所，避免阳光直射和雨淋。

应根据不同微生物肥料的特点选择适宜的施用方式。

（1）液体菌剂

拌种：将种子与稀释后的菌液混拌均匀，或用稀释后的菌液喷湿种子，待种子阴干后播种。

浸种：将种子浸入稀释后的菌液 4 ~ 12 小时，捞出阴干，待种子露白时播种。

喷施：将稀释后的菌液均匀喷施在叶片上。

蘸根：幼苗移栽前将根部浸入稀释后的菌液中 10 ~ 20 分钟。

灌根：将稀释后的菌液浇灌于农作物根部。

（2）固体菌剂

拌种：将种子与菌剂充分混匀，使种子表面附着菌剂，阴干后播种。

蘸根：将菌剂稀释后，幼苗移栽前将根部浸入稀释后的菌液中 10 ~ 20 分钟。

混播：将菌剂与种子混合后播种。

混施：将菌剂与有机肥或细土 / 细沙混匀后施用。

（3）有机物料腐熟剂

将菌剂均匀拌入腐熟物料中，调节物料的水分、碳氮比等，堆置发酵并适时翻堆。

（4）复合微生物肥料和生物有机肥

底肥：播种前或定植前单独或与其他肥料一起施入。

种肥：将肥料施于种子附近，或与种子混播。对于复合微生物肥料，应避免与种子直接接触。

追肥：在作物生长发育期间采用条 / 沟施、灌根、喷施等方式补充施用。

4. 使用微生物肥料的注意事项

微生物肥料的主要成分是生物活性物质，提供有益的微生物群落，而不是提供矿质营养养分，任何一种类型的微生物肥料，都有其适用的土壤条件、作物种类、耕作方式、施用方法、施用量等，肥效的发挥既受其自身因素的影响，如肥料中所含有菌种种类、有效菌数、有效活菌的纯度、活性等质量因素，又受到外界其他因子的制约，如土壤水分、有机质、pH 等影响，因此，微生物肥料从选择到应用都应注意合理性，只有选择好注菌的种类和菌株的来源，对症用菌，加之施用方法得当，才能保证微生物发挥出应有的作用，取得较好的增产效果。

（1）仔细阅读说明书，避免长期开袋不用

使用前要阅读说明书，了解施用方法，并保证在有效期内使用。存放在干燥、通风、阴凉处，避免阳光暴晒，保证有效菌的存活。防止环境湿度过大、雨淋、温度变化大会引起肥料吸湿结块、肥力下降。肥料随买随用，不要长期囤积，开袋后及时用完，避免敞开后感染杂菌，使微生物菌群发生改变，影响其使用效果。

（2）创建适宜的土壤条件，见效需要一定时间

微生物肥料对土壤条件要求比较严格，施入到土壤后，需要一个适应、生长、供养、繁殖的过程，一般 15 天后可以发挥作用，见到效果，而且会长期均衡地供给作物营养。合理调节土壤 pH 至 6.5 ~ 7.5，若土壤出现盐渍化、板结等现象，要先多施有机肥、深耕中翻，且使用微生物肥料前要勤浇水，保持适宜的

土壤湿度，严重干旱的土壤会影响微生物的生长繁殖，但也不能长期泡在水中，微生物肥料适合的土壤含水量为50% ~ 70%。在水田里选择施用适宜的厌氧菌产品，采用干湿灌溉，促进生物菌活动，为微生物的生存和繁殖提供良好的环境，以保证肥效。

（3）要与其他肥料合理搭配使用

有机质是土壤中微生物赖以生存的载体，土壤中有足够的有机质时微生物才能更好地生存、繁殖，产生并激活各类营养元素，给作物提供养分。因此，微生物肥料应与有机肥搭配使用。但应避免与未充分腐熟的农家肥混用，未充分腐熟的农家肥在腐熟过程中会释放大量的热量，会杀死微生物；可与适量的化肥配合使用，但应避免与过酸、过碱的肥料混合使用，避免化肥对微生物产生不利影响。

（4）应避免在高温或雨天施用。

微生物肥料应避免高温干旱条件下施用。施用微生物肥料时要注意温、湿度的变化，在高温干旱条件下，微生物生存和繁殖会受到影响，不能充分发挥其作用。要结合盖土浇水等措施，避免微生物肥料受阳光直射或因水分不足而难以发挥作用。微生物肥料适宜施用的时间是清晨和傍晚或无雨阴天，这样还可以避免阳光中的紫外线将微生物杀死。

第三章　肥料标准

第一节　我国肥料标准现状及存在的问题

一、我国肥料标准的现状

肥料是重要的农业投入品，是粮食的粮食，在保障国家粮食安全和促进农业生产发展中起了不可替代的作用，同时其不合理施用也会直接或者间接给农产品质量安全带来风险隐患。肥料标准是肥料生产、流通和销售的重要依据，在规范肥料产业发展、净化肥料市场、保证农户安全用肥方面发挥了重要作用（常用肥料标准见附录）。根据《中华人民共和国标准化法》的规定，我国标准分为国家标准、行业标准、地方标准、团体标准和企业标准 5 个层级。因此，我国肥料标准也同样有 5 个层次之分（图 3–1）。

国家标准分为强制性国家标准和推荐性国家标准，其中，强制性国家标准是对保障人身健康和生命财产安全、国家安全、生态环境安全以及满足经济社会管理基本需要的技术要求，由国务院批准发布或者授权批准发布，标准代码是"GB"；推荐性国家标准是对满足基础通用、与强制性国家标准配套、对各有关行业起引领作用等需要的技术要求，由国务院标准化行政主管部门制定，标准代码是"GB/T"。肥料领域内的强制性国家标准目前共有 7 项，分别为 GB 8921—2011《磷肥及其复合肥中 226 镭限量卫生标准》、GB 15580—2011《磷肥工业水污染物排放标准》、GB 18382—2021《肥料标识　内容和要求》、GB 20287—2006《农用微生物菌剂》、GB 26447—2010《危险货物运输　能够自持分解的硝酸铵化肥的分类

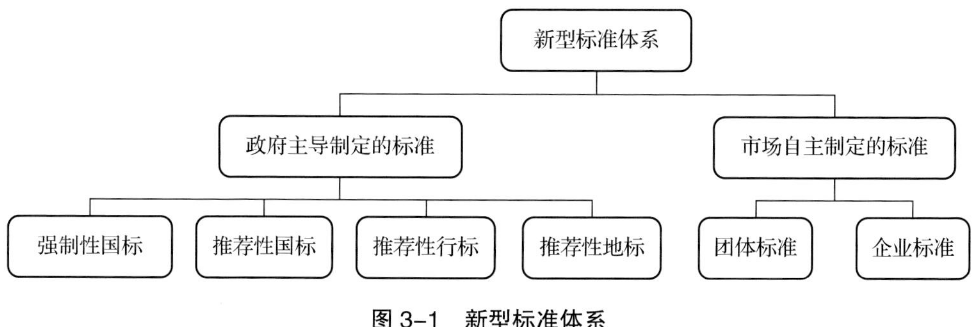

图 3–1　新型标准体系

程序、试验方法和判据》、GB 38400—2019《肥料中有毒有害物质的限量要求》、GB 50963—2014《硫酸、磷肥生产污水处理设计规范》。其他均为推荐性标准。

行业标准是对没有推荐性国家标准、需要在全国某个行业范围内统一的技术要求，由国务院有关行政主管部门制定。现行的与肥料相关的行业标准，涉及的领域比较广泛，分布在农业、化工、出入境检验、环境保护、城镇建设、林业等多个行业领域，其中分布较多的是农业行业和化工行业，标准代码分别是“NY”和“HG”。

地方标准是为满足地方自然条件、风俗习惯等特殊技术要求而制定的标准，由地方（省、自治区、直辖市）标准化主管机构或专业主管部门批准、发布。现行的与肥料相关的地方标准共有800多项，涉及全国30个省（自治区、直辖市）。其中，以山东省、河北省、内蒙古自治区等制肥用肥大省发布实施的标准较多，大部分内容为施肥技术规范。编号由4部分组成:“DB”+“省、自治区、直辖市行政区代码前两位”+“/T（推荐标准）”+“顺序号”+“年号”，例如，DB11/T 1664—2019《主要果树害虫监测调查技术规程》。

团体标准是学会、协会、商会、联合会、产业技术联盟等社会团体协调相关市场主体共同制定的满足市场和创新需要的标准，由本团体成员约定采用或者按照本团体的规定供社会自愿采用，标准代码是“T”。2017年以后，随着国家对团体标准的鼓励和引导，发布的团体标准数量快速增长，近两年每年发布实施的与肥料相关的团体标准均超过100项。

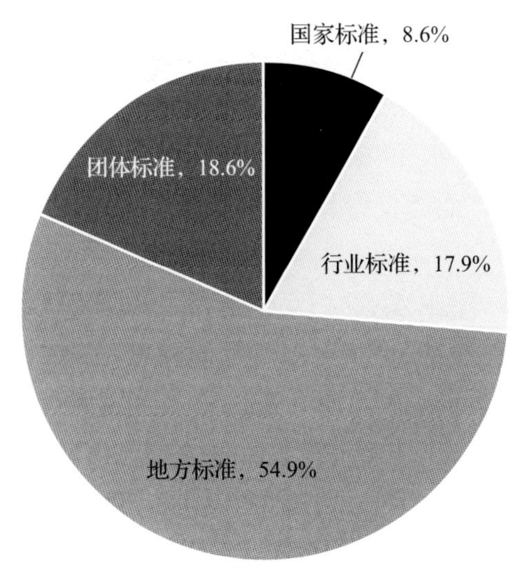

图3-2 不同类型肥标准占比

企业标准是由企业根据需要自行制定，或者与其他企业联合制定的标准。国家鼓励企业制定高于推荐性标准相关技术要求的企业标准。企业标准在企业内部使用，但对外提供的产品或服务涉及的标准，则作为企业对市场和消费者的质量承诺。标准代码是“Q”。

我国现行有效与将实施的肥料相关标准共达1500多项。其中，以地方标准数量最多，占54.9%；其次是团体标准，占18.6%；行业标准占17.9%；国家标准占8.6%（图3-2）。

从标准内容看，施用技术规程类标准的数量最多，占57.1%，其次是检测类和产品类标准，分别占14.8%和12.6%，基础通用类、生产流通类和安全类共占15.5%（图3-3）。

从标准的实施时间看，所有类别标准平均标龄超过6.0年，国家、行业和地方标准的平均标龄分别为9.0年、10.5年和5.4年。现行的标准主要集中在2011年以后，尤其是行业标准和地方标准，团体标准均在2018年以后开始实施。

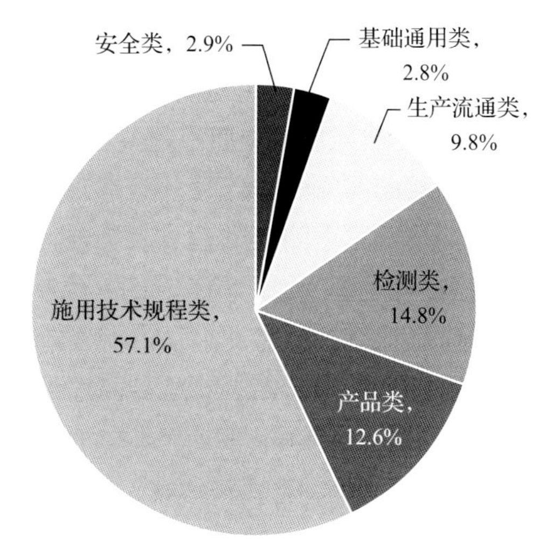

图3-3　肥料相关标准占比

二、我国肥料标准存在的问题

1. 标准体系不够完善

经过多年发展，我国肥料标准体系在不断完善。从标准的层级上，以国家标准和行业标准为主导，地方标准和团体标准以及企业标准为有益补充。从内容上，涵盖与肥料产品、检测、施用、生产流通、安全评价等全产业链各个环节相关的标准，基本满足国内行业生产和使用的需要。从结构上，国家标准和行业标准主要以使用范围较广的检测类和产品类标准为主，而施用技术规程类标准由于地域性较强，需要结合各地土壤和气候特点，因地制宜制定针对当地作物的最佳用法用量，因此，主要以地方标准和团体标准为主。但是目前还没有构建比较完善的肥料标准体系。

2. 归口单位管理职能不够明确

我国肥料的生产、登记、流通、进口、监管分别归属不同的部门，由于各监管部门根据各自需求制定相关的标准，也使得现行肥料标准缺乏统一的分类标准。如国家市场监督管理总局、国家标准化管理委员会颁布的GB和GB/T系列国家标准；工业和信息化部颁布的HG/T化工行业标准，农业农村部颁布的NY/T农业行业标准，国家市场监督管理总局颁布的SN/T出入境行业检验检疫标准。部分行业标准与国家标准或行业标准之间在名称和内容上存在重复，但主要起草和起草单位却无交叉，例如，NY/T 2269—2020《农业用硝酸铵钙及使用规程》和HG/T 3790—2016《农业用硝酸铵钙》。可见归口单位在管理职能上有交叉，标准体系规划和管理上缺乏统一。

3. 标准实施效果评价体系不够完善

构建肥料标准实施效果评价体系对标准制修订和体系建设具有重要指导意义。但是由于实施效果评价需要构建指标体系，深入实施单位或行业调研，依据标准类型选择不同评价方法，需要耗费大量人力物力财力，因此一直是标准化工作的短板和难点。尤其是施用类标准，虽然各地制定了大量的关于肥料施用方法甚至肥料用量限制的标准，但是我国以小农户经营为主导的农业生产现实为标准实施带来巨大的挑战性，无法像欧美国家那样定期监测农户的养分管理指标和标准的执行情况，同时获取农户对标准执行的反馈，及时掌握标准的实施情况以及在采标过程中存在的主要问题，以不断完善标准。

第二节　常用肥料标准关键技术指标

一、尿素

尿素又称碳酰胺，是最简单的有机化合物，因为在人尿中也含有这种物质，所以称为尿素。作为一种高浓度氮肥，可用于生产多种复合肥料。

2017 年，尿素的产品标准进行了第二次修改。新标准对尿素的包装标识、总氮含量、颗粒大小、硬度、含水量等多个方面进行了规定，增加了必须标明“含缩二脲，使用不当会对作物造成伤害”的警示语要求。

根据 GB/T 2440—2017《尿素》，总氮（N）的质量分数和缩二脲的质量分数是标准中的核心技术指标。其中，农业用（肥料）尿素总氮（N）的质量分数，合格品≥45.0%，优等品≥46.0%。缩二脲的质量分数合格品≤1.5%，优等品≤0.9%（表 3–1）。

如何从包装上识别真假尿素呢？只要记住尿素的执行标准是 GB/T 2440—2017，要求是总氮含量，而不是氮磷钾的总含量，也不是氮硫锌的总含量，更不是氮、氨基酸、腐植酸、有机质等物质的总含量。

二、硫酸铵

硫酸铵是一种优良的速效氮肥，俗称肥田粉，可用作底肥、追肥和种肥，因其溶解性好，也可用于滴灌等其他水肥一体化方式。作为一种生理酸性肥料（在土壤中的反应呈酸性），易导致土壤酸化，因此，在碱性土壤上施用效果更佳。缺点是含氮偏低。根据 GB/T 535— 2020《肥料级硫酸铵》，氮含量、硫含量和水分含量是标准中的核心技术指标，Ⅰ型要求含氮量≥ 20.5%，Ⅱ型要求≥ 19.0%（表 3-2）。

三、氯化铵

氯化铵含氯较多，虽然施用过多会造成土壤含盐量升高，但其价格低，是

表 3-1　农业用尿素产品标准主要技术指标要求

项目[a]		等级	
		优等品	合格品
总氮（N）的质量分数 /% ≥		46.0	45.0
缩二脲的质量分数 /% ≤		0.9	1.5
水分[b]/% ≤		0.5	1.0
亚甲基二脲（以 HCHO 计）[c] 的质量分数 /% ≤		0.6	0.6
粒度[d]	d 0.85 ~ 2.80 毫米≥ d 1.18 ~ 3.35 毫米≥ d 2.00 ~ 4.75 毫米≥ d 4.00 ~ 8.00 毫米≥	93	90

来源于《尿素》（GB/T 2440—2017）。

a 含有尚无国家或行业标准的添加物的产品应该进行陆生植物生长试验，方法见 HT/T 4365—2012 的附录 A 和附录 B。

b 水分以生产企业出厂检验数据为准。

c 若尿素生产工艺中不加甲醛，不测亚甲基二脲。

d 只需符合四档中任意一档即可，包装标识中应标明粒径范围。农业用（肥料）尿素若用作掺混肥料（BB）生产原料，可根据供需协议选择标注 SGN 和 UI，计算方法参见附录 A。

表 3-2　肥料级硫酸铵产品标准主要技术指标

项目	指标	
	Ⅰ型	Ⅱ型
氮（N）/% ≥	20.5	19.0
硫（S）/% ≥	24.0	21.0
游离酸（H_2SO_4）/% ≤	0.05	0.20
水分（H_2O）/% ≤	0.5	2.0
水不溶物 /% ≤	0.5	2.0
氯离子（Cl^-）/% ≤	1.0	2.0

来源于《肥料级硫酸铵》（GB/T 535—2020）。

复合肥料生产企业常用的原料之一，只要合理施用，是较好的氮肥品种。另外，近年来与硫酸铵、尿素等配伍生产脲铵氮肥，是大田作物常用的追肥品种之一。根据国家标准 GB/T 2946—2018《氯化铵》，氮（N）、水和钠盐的质量分数是氯化铵的核心技术指标。其中，优等品要求氮（N）的质量分数≥25.4%，一等品≥24.5%，合格品≥23.5%。需要注意的是，3 个等级对水分的要求差异较大，优等品≤0.5%，一等品≤1.0%，合格品≤8.5%。钠盐以单质钠计算，优等品、一等品和合格品分别≤0.8%、1.2% 和 1.6%。为了确保方便机械施用，优等品和一等品还对粒度和颗粒平均抗压碎力做了规定，但对合格品没有要求（表 3-3）。

四、脲铵氮肥

脲铵氮肥是指含有尿素态氮、铵态氮两种形态氮的固体单一肥料，是一种新型肥料，但它不是一种“新化肥”，不同形态氮肥协同效应的研究已经有几十年的历史，脲铵氮肥是在国内率先利用不同形态氮肥协同效应工业化生产的商品氮肥。近年来，随着尿素价格上涨，脲铵氮肥用量显著提高，北方在冬小麦、玉米等大田作物追肥上应用较多。

根据其执行标准 HG/T 4214—2011，脲铵氮肥的核心技术指标主要包括总氮、尿素态氮和铵态氮的质量分数。其中，总氮（N）的质量分数≥26.0%，尿素态

表 3-3　农业用氯化铵产品标准主要技术指标要求

项目	优等品	一等品	合格品
氮（N）的质量分数（以干基计）/% ≥	25.4	24.5	23.5
水的质量分数[a]/% ≤	0.5	1.0	8.5
钠盐的质量分数[b]（以 Na 计）/% ≤	0.8	1.2	1.6
粒度[c]（2.00 ~ 4.75 毫米）/% ≥	90	80	—
颗粒平均抗压碎力[c]/% ≥	10	10	—
砷及其化合物的质量分数（以 As 计）/% ≤		0.005 0	
镉及其化合物的质量分数（以 Cd 计）/% ≤		0.001 0	
铅及其化合物的质量分数（以 Pb 计）/% ≤		0.020 0	
铬及其化合物的质量分数（以 Cr 计）/% ≤		0.050 0	
汞及其化合物的质量分数（以 Hg 计）/% ≤		0.000 5	

来源于《氯化铵》（GB/T 2946-2018）。

a 水的质量分数仅在生产企业检验和生产领域质量抽查检验时进行判定。

b 钠盐的质量分数以干基计。

c 结晶状产品无粒度和颗粒平均抗压碎力要求。

氮≥10.0%，铵态氮≥4.0%。需要特别注意的是，缩二脲的含量应≤1.5%，否则会导致烧苗、烧根（表 3–4）。

五、磷酸二铵

磷酸二铵（俗称二铵）是一种低氮高磷（氮 18%、磷 46%）的二元高浓度的高效复合肥，易溶于水，肥效快，尤其适合于干旱少雨的地区，可作底肥、种肥、追肥，在农业种植中可以广泛应用。因为磷酸二铵价格比较高，一些企业为了推销自己的产品，给磷酸二铵带上各种各样的头衔，诸如“脲甲醛磷酸二铵”“多肽磷酸二铵”“硝基磷酸二铵”，甚至还有“有机磷酸二铵”“无机磷酸二铵”等，这些被包装美化的磷酸二铵，让广大农民朋友眼花缭乱，难辨真假，它们表面上看似高大上，其实未必真的有好效果，甚至其中不乏一些假冒伪劣产品，如用水泥粉、粉煤灰、硝酸磷、磷酸钙等冒充。

磷酸二铵的生产有传统法与料浆法两种工艺技术。两者的区别：①磷酸在与

表 3–4　脲铵氮肥产品标准主要技术指标要求

项目		指标
总氮（N）的质量分数 /% ≥		26.0
尿素态氮的质量分数 [a]/% ≥		10.0
铵态氮的质量分数 [a]/% ≥		4.0
水分（H_2O）的质量分数 [b]/% ≤		2.0
粒度（1.00 ~ 4.75 毫米或 3.35~5.60 毫米）[c]/% ≥		90
缩二脲的质量分数 /% ≤		1.5
中、微量元素的质量分数 [d]（以单质计）/%	标识微量元素（单一元素）≥	0.02
	标识中量元素（单一元素）≥	2.0
氯离子的质量分数 [e]/%	未标“含氯”的产品≤	3.0
	标识“含氯（低氯）”的产品≤	15.0
	标识“含氯（中氯）”的产品≤	30.0

来源于《脲铵氮肥》（HG/T 4214—2011）。

a 尿素态氮、铵态氮的测定值与标明值负偏差的绝对值不应大于 1.5%。

b 水分以出厂检验数据为准。

c 特殊形状或更大颗粒（粉状除外）产品的粒度可由供需双方协议确定。

d 包装容器标明含有钙、镁、硫、铜、铁、锰、锌、硼、钼时检测本项目。

e 氯离子的质量分数大于 30.0% 的产品，应在包装袋上标明“含氯（高氯）”，标识“含氯（高氯）”的产品氯离子的质量分数不做检验和判定。

氨中和前是否浓缩，用经过浓缩后的磷酸生产的磷酸二铵，称为传统法工艺，用没有经过浓缩的稀磷酸生产磷酸二铵，称为料浆法工艺；②对磷矿石的要求品质不同，传统法对磷矿石品位要求高，料浆法对磷矿石品位要求低一些；③磷酸二铵的纯度不同，传统法比料浆法的纯度高；④杂质不同，传统法比料浆法的杂质要少一些；⑤成本不同，传统法需要浓缩，因此，对设备与工艺的要求高，成本高，料浆法磷酸铵能够利用中低品位磷矿生产低浓度的磷酸，工艺技术较成熟，设备材质要求较低，成本低。

磷酸二铵产品标准中，最为核心的技术指标是总养分、总氮和有效磷的质量分数。一般市场上最为常用的是传统法制成的优等品，按照标准规定，总养分≥64.0%，总氮≥17.0%，有效磷的质量分数≥45.0%，配方为18–46–0。其次为了方便机械施用，还应注意优等品的粒度（1.00 ~ 4.00毫米）≥90%（表3–5、表3–6）。

六、过磷酸钙

过磷酸钙是以硫酸和磷矿粉反正生产的、以磷酸一钙和硫酸钙为主要成分的

表3–5 传统法粒状磷酸一铵和磷酸二铵产品标准的主要技术要求

项目	磷酸一铵			磷酸二铵		
	优等品 12–52–0	一等品 11–49–0	合格品 10–46–0	优等品 18–46–0	一等品 15–42–0	合格品 14–39–0
外观	颗粒状，无机械杂质					
总养分（$N+P_2O_5$）的质量分数/%≥	64.0	60.0	56.0	64.0	57.0	53.0
总氮（N）的质量分数/%≥	11.0	10.0	9.0	17.0	14.0	13.0
有效磷（P_2O_5）的质量分数/%≥	51.0	48.0	45.0	45.0	41.0	38.0
水溶性磷占有效磷百分率/%≥	87	80	75	87	80	75
水分（H_2O）的质量分数[a]/%≤	2.5	2.5	3.0	2.5	2.5	3.0
粒度（1.00 ~ 4.00毫米）/%≥	90	80	80	90	80	80

来源于《磷酸一铵、磷酸二铵》（GB 10205—2009）。

a 水分为推荐性要求。

表 3-6　料浆法粒状磷酸一铵和磷酸二铵产品标准的主要技术指标要求

项目	料浆法磷酸一铵			料浆法磷酸二铵		
	优等品 11-47-0	一等品 11-44-0	合格品 10-42-0	优等品 16-44-0	一等品 15-42-0	合格品 14-39-0
外观	颗粒状，无机械杂质					
总养分（$N+P_2O_5$）的质量分数 /% ≥	58.0	55.0	52.0	60.0	57.0	53.0
总氮（N）的质量分数 /% ≥	10.0	10.0	9.0	15.0	14.0	13.0
有效磷（P_2O_5）的质量分数 /% ≥	46.0	43.0	41.0	43.0	41.0	38.0
水溶性磷占有效磷百分率 /% ≥	80	75	70	80	75	70
水分（H_2O）的质量分数[a]/% ≤	2.5	2.5	3.0	2.5	2.5	3.0
粒度（1.00 ~ 4.00毫米）/% ≥	90	80	80	90	80	80

来源于《磷酸一铵、磷酸二铵》（GB 10205—2009）。

a 水分为推荐性要求。

产品。又称普通过磷酸钙，简称普钙（SSP）。重过磷酸钙是一种高含量的磷肥，其主要成分是水溶性的磷酸一钙，不含硫酸钙，这点与过磷酸钙不同，含有效磷（P_2O_5）40% ~ 50%，含游离酸较过磷酸钙高，为 4% ~ 8%，所以它的吸湿性和腐蚀性比过磷酸钙强，但由于它不含或含很少铁、铝、锰等杂质，吸湿后不致有磷酸退化现象。

根据国家标准 GB/T 20413—2017，过磷酸钙产品标准中最核心的技术指标为有效磷、水溶性磷、游离酸的质量分数以及粒度等技术指标。优等品中，有效磷的质量分数为≥ 18.0%，水溶性磷的质量分数≥ 13.0%，游离酸的质量分数≤ 5.5%，粒度≥ 80%（表 3-7）。

一等品与优等品的差异主要在于养分含量，有效磷的质量分数≥ 16.0%，水溶性磷的质量分数≥ 11.0%，对游离酸和粒度的规定与优等品一致。

七、硫酸钾

硫酸钾肥作为常用钾肥之一，能为农作物提供钾元素，可以起到抗倒伏、抗旱、抗寒、抗病，促进开花结果等作用。相对于氯化钾，其矿物质营养类型多，除了含有钾元素、硫元素和镁元素外，还有农作物所需要的铁、锌、钼、硼等微

表 3–7 颗粒状过磷酸钙产品标准主要技术指标要求

项目	优等品	一等品	合格品	
			Ⅰ	Ⅱ
有效磷（以 P_2O_5 计）的质量分数 /% ≥	18.0	16.0	14.0	12.0
水溶性磷（以 P_2O_5 计）的质量分数 /% ≥	13.0	11.0	9.0	7.0
硫（以 S 计）的质量分数 /% ≥	8.0			
游离酸（以 P_2O_5 计）的质量分数 /% ≤	5.5			
游离水的质量分数 /% ≤	10.0			
三氯乙醛的质量分数 /% ≤	0.000 5			
粒度（1.00 ~ 4.75 毫米或 3.35 ~ 5.60 毫米）的质量分数 /% ≥	80			

来源于《过磷酸钙》（GB/T 20413—2017）。

量元素，喜硫、喜镁作物增产显著，减少了各种缺素症。硫酸钾肥含有的氯元素小于 3%，适宜于所有忌氯作物使用，在小麦、玉米、水稻等作物中应用广泛。除此之外，主要用于花生、大蒜、生姜、烟草等经济作物。

根据国家标准 GB/T 20406—2017《农业用硫酸钾》，硫酸钾产品中的关键技术指标主要是水溶性氧化钾、硫的质量分数以及粒度。常用的硫酸钾产品主要为颗粒状，一等品中水溶性氧化钾的质量分数≥ 50%，硫的质量分数≥ 16.0%；合格品中水溶性氧化钾的质量分数≥ 45%，硫的质量分数≥ 15.0%。粒度的要求均为 90% 以上（表 3–8）。

八、氯化钾

氯化钾，是一种高浓度的速效钾肥，用肥后见效比较快，但由于具有很强的吸水吸湿性，所以容易受潮板结。可用作底肥或追肥，但不宜作种肥。对于马铃薯、烟草、茶树、甜菜、甘蔗、葡萄、西瓜、柑橘等忌氯作物，不宜施用氯化钾，对其品质有不良影响。

根据国家标准 GB/T 37918—2019《肥料级氯化钾》，氯化钾产品的关键技术指标主要是氧化钾、氯化钠和水不溶物的质量分数。常用的氯化钾产品主要有粉末结晶状和颗粒状，每种形状下又分为Ⅰ、Ⅱ、Ⅲ型。市场上最常见的颗粒状Ⅱ型产品中，氧化钾的质量分数≥ 60.0%，氯化钠的质量分数≤ 3.0%，水不溶物的质量分数≤ 0.5%（表 3–9）。

表 3-8　农业用硫酸钾产品标准主要技术指标要求

项目	粉末结晶状			颗粒状	
	优等品	一等品	合格品	优等品	合格品
水溶性氧化钾（K_2O）的质量分数 /% ≥	52	50	45	50	45
硫（S）的质量分数 /% ≥	17.0	16.0	15.0	16.0	15.0
氯离子（Cl^-）的质量分数 /% ≤	1.5	2.0	2.0	1.5	2.0
水分[a]（H_2O）的质量分数 /% ≤	1.0	1.5	2.0	1.5	2.5
游离酸（H_2SO_4）的质量分数 /% ≤	1.0	1.5	2.0	2.0	2.0
粒度[b]（粒径 1.00 ~ 4.75 毫米或 3.35 ~ 5.60 毫米）/% ≥	—	—	—	90	90

来源于《农业用硫酸钾》（GB/T 20406—2017）。

a 水分以生产企业出厂检验数据为准。

b 对粒径有特殊要求的，按供需双方协议确定。

表 3-9　氯化钾产品标准主要技术指标要求

项目[a]		粉末结晶状			颗粒状		
		Ⅰ型	Ⅱ型	Ⅲ型	Ⅰ型	Ⅱ型	Ⅲ型
氧化钾（K_2O）的质量分数 /% ≥		62.0	60.0	57.0	62.0	60.0	57.0
水分（H_2O）的质量分数 /% ≤		1.0	2.0	2.0	0.3	0.5	1.0
氯化钠（NaCl）的质量分数 /% ≤		1.0	3.0	4.0	1.0	3.0	4.0
水不溶物的质量分数 /% ≤		0.5	0.5	1.5	0.5	0.5	1.5
粒度[b,c]/%	1.00 ~ 4.75 毫米 ≥	—			90		
	2.00 ~ 4.00 毫米 ≥	—			70		
颗粒平均抗压碎力 /N ≥		—			25.0		

来源于《肥料级氯化钾》（GB/T 37918—2019）。

a 除水分外，各组分质量分数均以干基计。

b 只需符合两档中任意一档即可。颗粒状产品的粒度，也可执行供需双方合同约定的指标。

c 颗粒状产品若用作掺混肥料（BB 肥）生产的原料，可根据供需协议选择标注平均主导粒径（SGN）和均匀度指数（UI），计算方法见 GB/T 2440—2017 附录 A。

九、复合肥料

根据 GB/T 15063—2020《复合肥料》，复合肥料是指氮、磷、钾 3 种养分中，至少有 2 种养分标明量的由化学方法和（或）物理方法制成的肥料。复合肥料具有养分含量高、副成分少且物理性状好等优点，对于平衡施肥、提高肥料利用率和促进作物的高产稳产有着十分重要的作用。根据《复合肥料》国家标准，复合肥料的核心技术指标是总养分、水溶性磷占有效磷百分率、硝态氮以及粒度。根据养分浓度含量的不同，共分为高、中、低 3 种浓度类型，总养分浓度要求分别≥40.0%、30.0%、25.0%；水溶性磷占有效磷百分率要求分别为 60%、50%、40%；水分含量要求分别≤2.0%、2.5%、5.0%。标识“含氯（低氯）”的产品含氯＞3.0% 且≤15.0%，标识“含氯（中氯）”的产品含氯＞15.0% 且≤30.0%（表 3-10）。

表 3-10　复合肥料产品标准主要技术指标要求

项目		指标		
		高浓度	中浓度	低浓度
总养分[a]（$N+P_2O_5+K_2O$）/% ≥		40.0	30.0	25.0
水溶性磷占有效磷百分率[b]/% ≥		60	50	40
硝态氮[c]/% ≥			1.5	
水分[d]（H_2O）/% ≤		2.0	2.5	5.0
粒度[e]（1.00 ~ 4.75 毫米或 3.35 ~ 5.60 毫米）/% ≥			90	
氯离子[f]/%	未标“含氯”的产品≤		3.0	
	标识“含氯（低氯）”的产品≤		15.0	
	标识“含氯（中氯）”的产品≤		30.0	
单一中量元素[g]（以单质计）/%	有效钙≥		1.0	
	有效镁≥		1.0	
	总硫≥		2.0	
单一微量元素[h]（以单质计）/% ≥			0.02	

来源于《复合肥料》（GB/T 15063—2020）。

a 组成产品的单一养分含量不应小于 4.0%，且单一养分测定值与标明值负偏差的绝对值不应大于 1.5%。

b 以钙镁磷肥等枸溶性磷肥为基础磷肥并在包装容器上注明为“枸溶性磷”时，“水溶性磷占有效磷百分率”项目不做检验和判定。若为氮、钾二元肥料，“水溶性磷占有效磷百分率”项目不做检验和判定。

c 包装容器上标明“含硝态氮”时检测本项目。

d 水分以生产企业出厂检验数据为准。

e 特殊形状或更大颗粒（粉状除外）产品的粒度可由供需双方协议确定。

f 氯离子的质量分数大于 30.0% 的产品，应在包装容器上标明“含氯（高氯）”；标识“含氯（高氯）”的产品氯离子的质量分数可不做检验和判定。

g 包装容器上标明含钙、镁、硫时检测本项目。

h 包装容器上标明含铜、铁、锰、锌、硼、钼时检测本项目，钼元素的质量分数不大于 0.5%。

十、掺混肥料（BB肥）

GB/T 21633—2020《掺混肥料（BB肥）》，适用于氮、磷、钾3种养分中至少有2种养分标明量的由干混方法制成的掺混肥料（BB肥），适用于缓释型、控释型的掺混肥料；该标准也适用于干混补氮和（或）磷和（或）钾肥料颗粒的复合肥料。该标准不适用于在复合肥料基础上仅干混有机颗粒和（或）生物制剂颗粒和（或）中微量元素颗粒的产品。根据GB/T 21633—2020《掺混肥料（BB肥）》的核心技术指标主要包括总养分、水溶性磷占有效磷百分率，其标准要求分别≥35.0%和60%（表3-11）。

十一、大量元素水溶肥料

大量元素水溶肥（Water Soluble Fertilizer，WSF），是一种可以完全溶于水

表3-11　掺混肥料（BB肥）产品标准主要技术指标要求

项目		指标
总养分[a]（$N+P_2O_5+K_2O$）/% ≥		35.0
水溶性磷占有效磷百分率[b]/% ≥		60
水分（H_2O）/% ≤		2.0
粒度（2.00～4.75毫米）/% ≥		90
氯离子[c]/%	未标"含氯"的产品≤	3.0
	标识"含氯（低氯）"产品≤	15.0
	标识"含氯（中氯）"产品≤	30.0
单一中量元素[d]（以单质计）/%	有效钙（Ca）≥	1.0
	有效镁（Mg）≥	1.0
	总硫（S）≥	2.0
单一微量元素[e]（以单质计）/% ≥		0.02

来源于《掺混肥料（BB肥）》（GB/T 21633—2020）。

a 组成产品的单一养分含量不应小于4.0%，且单一养分测定值与标明值负偏差的绝对值不应大于1.5%。

b 以钙镁磷肥等枸溶性磷肥为基础磷肥并在包装容器上注明为"枸溶性磷"时，"水溶性磷占有效磷百分率"项目不做检验和判定。若为氮、钾二元肥料，"水溶性磷占有效磷百分率"项目不做检验和判定。

c 氯离子的质量分数大于30.0%的产品，应在包装容器上标明"含氯（高氯）"；标识"含氯（高氯）"的产品氯离子的质量分数可不做检测和判定。

d 包装容器上标明含钙、镁、硫时检测本项目。

e 包装容器上标明含铜、铁、锰、锌、硼、钼时检测本项目，钼元素的质量分数不高于0.5%。

的多元复合肥料，以氮、磷、钾大量元素为主，添加以铁、硼、锌、锰、铜、钼微量元素或钙、镁中量元素，它能迅速地溶解于水中，更容易被作物吸收，而且其吸收利用率相对较高。根据 NY/T 1107—2020《大量元素水溶肥料》农业行业标准，其核心技术指标主要是大量元素含量，固体养分含量≥50%，液体≥400 克 / 升；水不溶物含量≤1.0% 或液体≤10 克 / 升。需要注意的是，2020 年发布实施的修订后的标准，新增了对缩二脲和氯离子含量的要求，在购买和施用的过程中注意肥料的包装标识（表 3–12）。

表 3–12　大量元素水溶肥料产品主要技术指标要求

<table>
<tr><th colspan="2">项目</th><th>固体产品 /%</th><th>液体产品 /（克 / 升）</th></tr>
<tr><td colspan="2">大量元素含量[a] ≥</td><td>50.0</td><td>400</td></tr>
<tr><td colspan="2">水不溶物含量≤</td><td>1.0</td><td>10</td></tr>
<tr><td colspan="2">水分（H_2O）含量≤</td><td>3.0</td><td>—</td></tr>
<tr><td colspan="2">缩二脲含量≤</td><td colspan="2">0.9</td></tr>
<tr><td rowspan="3">氯离子含量[b]</td><td>未标“含氯”的产品≤</td><td>3.0</td><td>30</td></tr>
<tr><td>标识“含氯（低氯）”的产品≤</td><td>15.0</td><td>150</td></tr>
<tr><td>标识“含氯（中氯）”的产品≤</td><td>30.0</td><td>300</td></tr>
</table>

a 大量元素含量指总 N、P_2O_5、K_2O 含量之和，产品应至少包含其中 2 种大量元素。单一大量元素含量不低于 4.0% 或 40 克 / 升。各单一大量元素测定值与标明值负偏差的绝对值应不大于 1.5% 或 15 克 / 升。

b 氯离子含量大于 30.0% 或 300 克 / 升的产品，应在包装袋上标明“含氯（高氯）”，标识“含氯（高氯）”的产品，氯离子含量可不做检验和判定。

十二、含腐植酸水溶肥料

腐植酸水溶肥料具有改善土壤结构、提高营养效果、促进作物生长的作用，可分为大量元素型和微量元素型两种，以腐植酸含量的最低值形式标明，执行标准为 NY 1106—2010，即腐植酸含量≥3.0% 或 30 克 / 升；大量元素型腐植酸水溶肥产品应包含至少两种大量元素，单一大量元素含量≥2.0% 或 20 克 / 升；大量元素（$N+P_2O_5+K_2O$）总含量≥20.0% 或 200 克 / 升（表 3–13、表 3–14）；微量元素型腐植酸水溶肥产品应至少包含一种微量元素，微量元素总含量≥6.0%，其中钼含量应≤0.5%（表 3–15）。含腐植酸水溶肥可在作物生育期，根据实际情况部分替代大量元素水溶肥料追肥。

表 3-13　含腐植酸水溶肥料（大量元素型）产品标准主要技术指标要求

项目	指标
腐植酸含量 /% ≥	3.0
大量元素含量 [a]/% ≥	20.0
水不溶物含量 /% ≤	5.0
pH（1 ∶ 250 倍稀释）	4.0 ~ 10.0
水分（H_2O）含量 /% ≤	5.0

来源于《含腐植酸水溶肥料》（NY1106—2010）。

a 大量元素含量指总 N、P_2O_5、K_2O 含量之和，产品应至少包含两种大量元素，单一大量元素含量不低于 2.0%。

表 3-14　含腐植酸水溶肥料（大量元素型）液体产品标准主要技术指标要求

项目	指标
腐植酸含量 /（克 / 升）≥	30
大量元素含量 [a]/（克 / 升）≥	200
水不溶物含量 /（克 / 升）≤	50
pH（1 ∶ 250 倍稀释）	4.0 ~ 10.0

来源于《含腐植酸水溶肥料》（NY1106—2010）。

a 大量元素含量指总 N、P_2O_5、K_2O 含量之和，产品应至少包含两种大量元素，单一大量元素含量不低于 20 克 / 升。

十三、含氨基酸水溶肥料

含氨基酸水溶肥料可以补充作物生长过程中所需的氨基酸，刺激作物的生长，提高作物对养分的吸收能力，在提高作物产量、提升品质等方面有一定的促进作用，可在作物生长中追肥使用，替代 1 ~ 2 次大量元素水溶肥。含氨基酸水溶肥料可分为中量元素型和微量元素型两种，氨基酸以游离氨基酸含量的形式标明，执行标准为 NY/T 1429—2010，游离氨基酸含量≥ 10.0% 或 100 克 / 升，中量元素含量要求为钙 + 镁≥ 3.0% 或 30 克 / 升，产品应至少包含一种中量元素（表 3-16 和表 3-17）；微量元素含量要求为铜 + 铁 + 锰 + 锌 + 硼 + 钼≥ 2.0% 或 20 克 / 升，产品应至少包含一种微量元素，其中钼含量≤ 0.5% 或 5.0 克 / 升（表 3-18）。

表 3-15　含腐植酸水溶肥料（微量元素型）产品标准主要技术指标要求

项目	指标
腐植酸含量 /% ≥	3.0
微量元素含量 [a]/% ≥	6.0
水不溶物含量 /% ≤	5.0
pH（1 ∶ 250 倍稀释）	4.0 ~ 10.0
水分（H_2O）含量 /% ≤	5.0

来源于《含腐植酸水溶肥料》（NY1106—2010）。

a 微量元素含量指铜、铁、锰、锌、硼、钼元素含量之和。产品应至少包含一种微量元素。含量不低于 0.05% 的单一微量元素均应计入微量元素含量中。钼元素含量不高于 0.5%。

十四、有机水溶肥料

有机水溶肥料是以游离氨基酸、腐植酸、海藻提取物、壳聚糖、聚谷氨酸、聚天门冬氨酸、糖蜜、低值鱼及发酵降解物等有机资源为主要原料，经过物理、化学和（或）生物等工艺过程，按植物生长所需添加适量大量、中量和（或）微

表 3–16　含氨基酸水溶肥料产品标准主要技术指标要求

项目	指标
游离氨基酸含量 /% ≥	10.0
中量元素含量 [a]/% ≥	3.0
水不溶物含量 /% ≤	5.0
pH（1 ∶ 250 倍稀释）	3.0 ~ 9.0
水分（H_2O）含量 /% ≤	4.0

来源《含氨基酸水溶肥料》（NY/T 1429—2010）。

a 中量元素含量指钙、镁元素含量之和，产品应至少包含一种中量元素，含量≥0.1% 的单一中量元素均应计入中量元素含量中。

表 3–17　含氨基酸水溶肥料（中量元素型）液体产品标准主要技术指标要求

项目	指标
游离氨基酸含量 /% ≥	100
中量元素含量 [a]/（克 / 升）≥	30
水不溶物含量 /（克 / 升）≤	50
pH（1 ∶ 250 倍稀释）	3.0 ~ 9.0

来源《含氨基酸水溶肥料》（NY/T 1429—2010）。

a 中量元素含量指钙、镁元素含量之和，产品应至少包含一种中量元素，含量≥1 克 / 升的单一中量元素均应计入中量元素含量中。

表 3–18　含氨基酸水溶肥料（微量元素型）固体产品标准主要技术指标要求

项目	指标
游离氨基酸含量 /% ≥	10.0
微量元素含量 [a]/% ≥	2.0
水不溶物含量 /% ≤	5.0
pH（1 ∶ 250 倍稀释）	3.0 ~ 9.0
水分（H_2O）含量 /% ≤	4.0

来源《含氨基酸水溶肥料》（NY/T 1429—2010）。

a 微量元素含量指铜、铁、锰、锌、硼、钼元素含量之和。产品应至少包含一种微量元素。含量≥0.05% 的单一微量元素均应计入微量元素含量中，钼元素含量≤0.5%。

量元素加工而成的、含有生物刺激素成分的液体或固体水溶肥料。依据执行标准 NY/T 3831—2021《有机水溶肥料　通用要求》，所含有的天然有机降解成分（统称生物刺激素）可提高植物养分利用率或吸收率，提高植物非生物胁迫耐受性，及改良作物品质性状，对提高作物果实的糖度和风味均有较大作用。

其中，含氨基酸水溶肥料按 NY 1429—2010 的规定执行；含腐植酸水溶肥料按 NY 1106—2010 的规定执行；含海藻酸有机水溶肥料至少应标明其所含海藻酸、有机质等主要成分及含量、pH、水分（固体）、水不溶物和有毒有害成分限量等；含壳聚糖有机水溶肥料至少应标明其所含壳聚糖、有机质等主要成分及含量，其他 pH 等标注指标同上；含聚谷氨酸有机水溶肥料至少应标明其所含聚谷氨酸等主要成分及含量，其他指标同上；含聚天门冬氨酸有机水溶肥料至少应标明其所含聚天门冬氨酸等主要成分及含量，其他同上；其他类有机水溶肥料至少应标明其所含有机质等主要成分及含量，其他同上。所有有机水溶肥料元素重金属限量应符合 NY 1110—2010 的要求，汞≤5 毫克 / 千克、砷≤10 毫克 / 千克、镉≤10 毫克 / 千克、铅≤50 毫

克 / 千克、铬≤ 50 毫克 / 千克。选购时注意查看有效成分的含量。

十五、中量元素水溶肥料

中量元素是指作物生长过程中必需但需要量仅次于氮、磷、钾的营养元素，中量元素水溶肥是指以中量元素钙、镁为主要成分的液体或固定水溶肥料，产品中应该至少包含一种中量元素。执行标准为 NY 2266—2012，含量要求为钙 + 镁≥ 10.0% 或 100 克 / 升。同样，中量元素水溶肥适用于滴灌、喷灌等灌溉条件。作物生长发育过程中需要多种中量元素，对钙、镁比较敏感，高钾土壤更易诱发缺镁的现象，注意适量补充。

十六、微量元素水溶肥料

微量元素水溶肥料指含有农作物正常生长所必需的微量元素的固体或液体水溶肥料，如硼肥、锰肥、铜肥、锌肥、钼肥、铁肥、氯肥等，产品应至少包含一种微量元素，也可以是含有多种微量营养元素的复合肥料。执行标准为 NY 1428—2010，含量要求≥ 10.0% 或 100 克 / 升。

十七、硝酸铵钙

硝酸铵钙早期是作为出口的一款水溶肥料，分布在山西交城等煤化工产业链上，现在国内作为冲施、微灌的水溶肥，既能补氮，又能补钙。根据 NY/T 2269—2020《农业用硝酸铵钙及使用规程》，核心技术指标主要包括总氮、硝态氮和钙含量。其中，总氮含量要求≥ 15.0%，硝态氮≥ 14.0%，钙含量≥ 18.0%（表 3-19）。

表 3-19　农业用硝酸铵钙产品标准主要技术指标

项目	指标
总氮（N）含量 /% ≥	15.0
硝态氮（N）含量 /% ≥	14.0
钙（Ca）含量 /% ≥	18.0
pH（1 ∶ 250 倍稀释）	5.5 ~ 8.5
水不溶物含量 /% ≤	0.5
水分（H_2O）含量 /% ≤	3.0
粒度（1.00 ~ 4.75 毫米）/% ≥	90

十八、有机 – 无机复混肥料

有机 – 无机复混肥料是含有一定量有机肥料的复混肥料。它是对畜禽粪便、草炭等有机物料，通过微生物发酵进行无害化和有效化处理，并添加适量化肥、腐植酸、氨基酸或有益微生物菌，经过造粒或直接掺混而制得的商品肥料。相对于纯的化学肥料来讲，它能够提高土壤氮磷钾吸收效率，同时补充土壤有机质；相对于纯的有机肥料来讲，它能够提供较多的养分供作物吸收，具备有机肥和无机肥的双重特点。

根据国家标准 GB/T 18877—2020《有机无机复混肥料》，其核心技术指标是有机质、总养分和水分含量。根据含量主要分为Ⅰ、Ⅱ、Ⅲ 3 种浓度类型，Ⅰ型有机质含量要求最高，≥ 20%，相应的总养分要求最低，≥ 15.0%；Ⅲ型有机质含量要求最低，≥ 10%，相应的总养分要求最高，≥ 35.0%（表 3–20）。

表 3–20　有机 – 无机复合肥料产品标准主要技术指标要求

项目		指标		
		Ⅰ型	Ⅱ型	Ⅲ型
有机质含量 /% ≥		20	15	10
总养分（$N+P_2O_5+K_2O$）含量[a]/% ≥		15.0	25.0	35.0
水分（H_2O）[b]/% ≤		12.0	12.0	10.0
酸碱度（pH）		5.5 ~ 8.5		5.0 ~ 8.5
粒度（1.00 ~ 4.75 毫米或 3.35 ~ 5.60 毫米）[c]/% ≥		70		
蛔虫卵死亡率 /% ≥		95		
粪大肠菌群数 /（个 / 克）≤		100		
氯离子含量[d]/%	未标“含氯”的产品≤	3.0		
	标明“含氯（低氯）”的产品≤	15.0		
	标明“含氯（中氯）”的产品≤	30.0		
砷及其化合物含量（以 As 计）/（毫克 / 千克）≤		50		
镉及其化合物含量（以 Cd 计）/（毫克 / 千克）≤		10		
铅及其化合物含量（以 Pb 计）/（毫克 / 千克）≤		150		
铬及其化合物含量（以 Cr 计）/（毫克 / 千克）≤		500		
汞及其化合物含量（以 Hg 计）/（毫克 / 千克）≤		5		
钠离子含量 /% ≤		3.0		
缩二脲含量 /% ≤		0.8		

来源于《有机无机复混肥料》（GB/T 18877—2020）。

a 标明的单一养分含量不应低于 3.0%，且单一养分测定值与标明值负偏差的绝对值不应大于 1.5%。

b 水分以出厂检验数据为准。

c 指出厂检验数据，当用户对粒度有特殊要求时，可由供需双方协议确定。

d 氯离子的质量分数大于 30.0% 的产品，应在包装袋上标明“含氯（高氯）”，标识“含氯（高氯）”的产品氯离子的质量分数不做检验和判定。

十九、有机肥料

主要来源于植物和（或）动物，经过发酵腐熟的含碳有机物料。有机肥含有大量的有机质，长期施用能显著改善土壤的理化性状，使土壤耕性变好，渗水能力增强，提高土壤蓄水、保肥、供肥和抗旱防涝能力，增产和改善作物品质明显，提高食品的安全性、绿色性，也是当前农产品实现优质高价的基础性条件之一。有机肥料原料复杂多样，新修订的《有机肥料》（NY/T 525—2021）农业行业标准，增加了产品腐熟度等安全指标，明确了有机肥料生产原料分类管理目录，将原料分为适用类、评估类和禁用类，细化了包装标识等内容。

表 3-21　有机肥料产品标准主要技术指标要求

项目	指标
有机质的质量分数（以烘干基计）/% ≥	30
总养分（$N+P_2O_5+K_2O$）的质量分数（以烘干基计）/% ≥	4.0
水分（鲜样）的质量分数/% ≤	30
酸碱度（pH）	5.5 ~ 8.5
种子发芽指数（GI）/% ≥	70
机械杂质的质量分数 /% ≤	0.5

来源于《有机肥料》（NY/T 525—2021）。

有机肥料产品的关键技术指标主要是有机质、总养分和水分的质量分数。根据最新的修订的 NY/T 525—2021《有机肥料》农业行业标准，有机质的质量分数≥30%，总养分≥4.0%，水分（鲜样）的质量分数≤30%（表 3-21）。

二十、黄腐酸钾

执行标准 HG/T 5334—2018，适用于以风化煤、褐煤、泥炭、植物秸秆、木屑、蔗渣、餐厨废弃物为原料提取或生物发酵的黄腐酸，在与氢氧化钾或其他条件下反应制成的黄腐酸钾产品。含有丰富的有机质，可以调节和改良土壤，促进根系生长（表 3-22）。

表 3-22　矿物源黄腐酸钾固体产品标准主要技术指标要求

项目	指标		
	优等品	一等品	合格品
荧光激发波长、发射波长 / 纳米		460 ~ 470、530 ~ 540	
矿物源黄腐酸含量（以干基计）/% ≥	50	40	30
氧化钾（K_2O）含量（以干基计）/% ≥		8	
水不溶物含量（以干基计）/% ≥		8	
水分含量 /% ≤		15	
pH（1 ∶ 100 倍稀释）		4.0 ~ 11.0	

来源于《黄腐酸钾》（HG/T 5334—2018）。

固体黄腐酸钾优等品的矿物源黄腐酸含量≥50%、一等品≥40%、合格品≥30%，氧化钾含量应≥8%，pH应为4.0～11.0，水分含量应不超过15%，水不溶物含量≤8%；液体黄腐酸钾的黄腐酸含量≥80克/升，氧化钾含量应≥15克/升，pH应为4.0～11.0，水不溶物含量≤50克/升。同时，重金属含量也有明确的限制，砷含量≤0.005%，镉含量≤0.001%，铅含量≤0.02%，铬含量≤0.05%，汞含量≤0.000 5%（表3–23）。

表3–23　矿物源黄腐酸钾液体产品标准主要技术指标要求

项目	指标
荧光激发波长、发射波长/纳米	460～470、530～540
矿物源黄腐酸含量/（克/升）≥	80
氧化钾（K_2O）含量/（克/升）≥	15
水不溶物含量/（克/升）≤	50
pH（1∶100倍稀释）	4.0～11.0

来源于《黄腐酸钾》（HG/T 5334—2018）。

二十一、微生物菌剂

执行标准为GB 20287—2006《农用微生物菌剂》，指1种或1种以上的目标微生物经工业化生产扩繁后直接使用或仅以利于该培养物存活的载体吸附所形成的活体制品，它是菌肥大类的一种。目前登记的微生物菌种有150多种，使用较多的菌种为枯草芽孢杆菌、胶冻样类芽孢杆菌、地衣芽孢杆菌、巨大芽孢杆菌、解淀粉芽孢杆菌，市场上多以复合微生物菌种为主，不同菌种有不同功能。

含量要求见表3–24。

表3–24　农用微生物菌剂产品标准主要技术指标要求

项目	剂型		
	液体	粉剂	颗粒
有效活菌数（cfu）[a]/（亿/克或亿/毫升）≥	2.0	2.0	1.0
霉菌杂菌数/（个/克或个/毫升）≤	3.0×10^6	3.0×10^6	3.0×10^6
杂菌率/%≤	10.0	20.0	30.0
水分/%≤	—	35.0	20.0
细度/%≥	—	80	80
pH	5.0～8.0	5.5～8.5	5.5～8.5
保质期[b]/月≥	3	6	

来源于《农用微生物菌剂》（GB 20287—2006）。

a 复合菌剂，每一种有效菌的数量不得少于0.01亿/克或0.01亿/毫升；以单一的胶质芽孢杆菌（*Bacillus mucilaginosus*）制成的粉剂产品中有效活菌数不少于1.2亿/克。

b 此项仅在监督部门或仲裁双方认为有必要时检测。

液体剂型，有效活菌数≥2.0亿/毫升，霉菌杂菌数≤3.0×10^6个/毫升，杂菌率≤10.0%，pH为5.0～8.0，保质期≥3个月。

粉剂剂型，有效活菌数≥2.0亿/克，霉菌杂菌数≤3.0×10^6个/克，杂菌率≤20.0%，水分≤35.0%，细度≥80%，pH为5.5～8.5，保质期≥6个月。

颗粒剂型，有效活菌数≥1.0亿/克，霉菌杂菌数≤3.0×10^6个/克，杂菌率≤30.0%，水分≤20.0%，细度≥80%，pH为5.5～8.5，保质期≥6个月。有害物质指标：粪大肠菌群数≤100个/克（个/毫升），蛔虫卵死亡率≥95%，砷≤75毫克/千克，镉≤10毫克/千克，铅≤100毫克/千克，铬≤150毫克/千克，汞≤5毫克/千克。

若为复合菌剂，每一种有效菌的数量不得少于0.01亿/克（亿/毫升），以单一的胶质芽孢杆菌制成的粉剂产品中的有效活菌数≥1.2亿/克。

二十二、生物有机肥

指以动植物残体为来源，经微生物发酵、除臭和完全腐熟后加工而成的肥料，可起到调理土壤、克服土壤板结、提升蔬菜品质等作用。执行标准为NY 884—2012，要求活菌数（cfu）≥0.2亿/克，有机质≥40%。

表3-25　生物有机肥产品标准主要技术指标要求

项目	技术指标
有效活菌数（cfu）/（亿/克）≥	0.20
有机质（以干基计）/%≥	40.0
水分/%≤	30.0
pH	5.5～8.5
粪大肠菌群数/（个/克）≤	100
蛔虫卵死亡率/%≥	95
有效期/月≥	6

来源于《生物有机肥》（NY 884—2012）。

二十三、复合微生物肥料

复合微生物肥料指特定微生物与营养物质复合而成，能提供、保持和改善植物营养，提高农产品产量或改善农产品品质的活体微生物制品。根据NY/T 798—2015，核心技术指标主要包括有效活菌数、总养分和有机质。其中，液体有效活菌数均应≥0.50个/克（/毫升），固体要求稍低，应≥0.20个/克（/毫升）；液体总养分6.0%～20.0%，固体为8.0%～25.0%；固体有机质≥20.0%，液体不做要求（表3-26）。

二十四、农用微生物浓缩制剂

农用微生物浓缩制剂是由一种目的微生物（有效菌）经过工业生产扩繁、浓缩加工制成的高含量活体微生物制品。按照NY/T 3083—2017标准的要求，其核心技术指标主要包括有效活菌数、霉菌杂菌数、pH 及保质期。无论液体还是固体，有效活菌数均应≥200.0 亿 / 克（/ 毫升），霉菌杂菌数≤3.0×10^6 个 / 克（个 / 毫升），杂菌率≤1.0%。液体保质期≥6 个月，固体≥12 个月（表 3-27）。

表 3-26　复合微生物肥料产品标准主要技术指标要求

项目	剂型	
	液体	固体
有效活菌数（cfu）[a]/（亿 / 克或亿 / 毫升）≥	0.50	0.20
总养分（$N+P_2O_5+K_2O$）[b]/%	6.0 ~ 20.0	8.0 ~ 25.0
有机质（以烘干基计）/%		20.0
杂菌率 /% ≤	15.0	30.0
水分 /% ≤		30.0
pH	5.5 ~ 8.5	5.5 ~ 8.5
有效期[c]/ 月≥	3	6

来源于《复合微生物肥料》（NY/T 798—2015）。

a 含两种以上有效菌的复合微生物肥料，每一种有效菌的数量不得少于 0.01 亿 / 克（毫升）。

b 总养分应为规定范围内的某一确定值，其测定值与标明值正负偏差的绝对值不应大于 2.0%；单一养分值应≥总养分含量的 15.0%。

c 此项仅在监督部门或仲裁双方认为有必要时才检测。

表 3-27　农用微生物浓缩制剂产品标准主要技术指标要求

项目	剂型	
	液体	固体
有效活菌数（cfu）（亿 / 克或亿 / 毫升）≥	200.0	200.0
杂菌率 /% ≤	1.0	1.0
霉菌杂菌数（cfu）/（个 / 克或个 / 毫升）≤	3.0×10^6	3.0×10^6
水分 /% ≤	—	8.0
pH[a]	4.5 ~ 8.5	4.5 ~ 8.5
保质期[b]/ 月≥	6	12

来源于《农用微生物浓缩制剂》（NY/T 3083—2017）。

a 以乳酸菌等嗜酸微生物为菌种生产的产品，其 pH 下限为 3.0；以嗜盐碱微生物为菌种生产的产品，其 pH 上限为 10.0。

b 此项仅在监督部门或仲裁双方认为有必要时才检测。

参考文献

李俊，姜昕，马鸣超，等，2019. 我国微生物肥料产业需求与技术创新［J］. 中国土壤与肥料（2）：1–5.

刘刚，2019. 我国肥料标准的现状与展望［J］. 磷肥与复肥，34（6）：2.

奚振邦，林葆，李家康，1991. 试论我国现阶段作物施肥标准的制定与实施［J］. 土壤肥料（3）：2–6.

张红杰，刘岩峰，2013. 我国肥料产业标准化现状及发展 [C]// 中国标准化研究院，中国标准化杂志社 . 2013 全国农业标准化研讨会论文集 .《中国标准化》杂志社：175–177.

张敬，刘思妤，马洪超，等，2022. 中俄农业标准中有机肥料相关标准比对分析及趋势研究［J］. 中国标准化（11）：189–192.

郑淳之，1997. 化肥标准化工作的现状及展望［J］. 中国标准导报（4）：29–30.

郑鹭飞，2016. 我国农业投入品标准体系的现状与问题分析［J］. 农产品质量与安全（6）：24–27.

中国标准化研究院 . 标准体系构建原则和要求 . GB/T 13016–2018. 2018–02–06.

第四章　真假肥料辨识

第一节　判断肥料真假常用方法

一、用眼看

用眼看，主要有五看。一是看场所。看农资经营门店是否有经营许可证，若有，检查经营范围里面是否有化肥农资这一项。另外，最好在有固定门店的地方购买肥料，尽量不要在走街串巷的游摊上购买。二是看价格。不要购买价格远低于正常价格的农资产品。一分钱一分货，这是亘古不变的硬道理。三是看品牌。品牌代表的是企业的一种承诺和信任，是质量的保证。大品牌能够经受住多年的考验，往往值得信赖。四是看肥料外包装标识，具体内容见下节。五是看是否采用双层包装，包装是否坚固。若没有采用双层包装或包装不坚固，容易撕扯破裂，极有可能是伪劣产品。打开内袋时，看内袋是否放有产品合格证，看肥料的粒度和颜色。优质的肥料粒度和比重较均匀，表面光滑、不易吸湿和结块，而假冒伪劣肥料恰恰相反，颗粒大小不均匀表面粗糙、湿度大、易结块。优质的肥料颜色大都十分均匀，没有明显的色差，整个颗粒由内到外都是均匀的，而假肥料大部分表面涂色且易脱色。

二、用手摸

抓一把化肥在手心，用力握住或按压转动几次，细心感受，如果化肥有“油湿”感，则是真化肥，特别干燥的就有可能是假化肥。一般优质的复合肥不容易结块、表面光滑、大小均匀，用手用力握住化肥时不破碎，且皮肤会明显感到油湿感。

三、用鼻闻

用鼻闻是通过肥料的特殊气味识别肥料真假的简易方法，对某些特定肥料非常有效。例如，碳酸氢铵有很强的氨味，硫酸铵有酸味，过磷酸钙也有酸味，如果过磷酸钙在生产过程中使用了废硫酸，则会产生强烈刺鼻的怪酸味。复混肥一般无异味。如果有异味，且异味重，则可初步判定为劣质复混肥。

四、用水溶

将肥料放入水中溶解，通过识别肥料的溶解度，判断肥料的质量。例如，可以将尿素放入烧杯中，倒入蒸馏水，充分搅拌，如果它们都溶解在水中，应是真的，如果有浊度，那可能是假的；优质复混肥水溶性较好，浸泡在水中大部分能溶解，即使有少量沉淀物，沉淀物也较细小，而劣质复混肥则比较难溶于水，其残渣粗糙而坚硬；过磷酸钙溶于水，有残渣；重过磷酸钙溶于水，无残渣或残渣很少；碳酸氢铵溶于水但有较大氨味。

五、用火烧

加热或燃烧肥料样品，通过燃烧火焰颜色、烟雾、熔化和残留物识别。氮肥、碳酸氢铵直接分解，产生大量的白烟，有强烈的氨味，无残留物；氯化铵直接分解或升华产生大量白烟，有强烈的氨味和酸味，无残留物；尿素能迅速熔化，冒白烟，投入炭火中能燃烧；硝酸铵不燃烧，但熔化并出现沸腾状，冒出有氨味的烟；过磷酸钙、钙镁磷肥、磷矿粉等迅速变黑，并发出焦臭味；硫酸钾、氯化钾、硫酸钾镁等发出噼啪声；复混肥料燃烧与其构成原料密切相关，当其原料中有氨态氮或酰胺态氮时，会发出强烈氨味，并有大量残渣，取少量复混肥置于铁皮上，放在明火中烧灼，这时有氨臭味的说明含有氮，出现黄色火焰的说明含有钾，氨臭味越浓，黄色火焰越黄，表明氮、钾含量越高。

最后再次提醒，选择正规经营门店，购买时索取发票等购物凭证，为日后维权保留证据。发现假冒伪劣农资，可以拨打 12345、12316 或向市场监管部门进行投诉举报。

第二节 如何通过肥料包装标识辨别真假肥料

肥料包装及标识是判断肥料产品质量最直观的内容，GB 18382—2021《肥料标识 内容和要求》强制性国家标准专门作了明确的规定。一般来说，可以通过检查肥料的包装标识来初步判断肥料的真假伪劣。学会检测肥料的包装标识，辨别真假肥料事半功倍。下面介绍几个小绝招。

绝招 1：检查产品的通用名称。

产品的通用名称指的是国家标准、行业标准已经规定的肥料名称。例如，常用的通用名称包括“尿素”“磷酸二铵”“硫酸钾”“复合肥料”“有机肥料”“大量元素水溶肥料”“微生物菌剂”等。按照标准要求，肥料的通用名称要用最大号字体。

另外，看叫法。有些假的肥料，养分低，不符合肥料的标准，往往通过名称来混淆视听，擅自起一些和通用名比较相似的名称，如复合含硫氮肥、含硫氮肥、高效尿素等。如何判断包装上的名称是否为通用名称，需要借助工具来查询。一般通过标准信息公共服务平台或者全国农业食品标准公共服务平台来查询，如没有，就很可能是假的。建议大家不购买名字稀奇古怪的肥料，或者名称里面有夸大成分的肥料，这些可能是假的。

绝招 2：核对登记证号。

新型肥料、微生物肥料、有机肥料和土壤调理剂等产品都要经过登记才能进行生产和销售。肥料登记证号相当于肥料的“身份证号”，按照《肥料登记管理办法》和产品标准，需要登记的肥料必须有登记证号。2020 年以来，大量元素水溶肥料、中量元素水溶肥料、微量元素水溶肥料、农用氯化钾镁、农用硫酸钾镁、复混肥料、掺混肥料 7 类肥料的登记已取消许可，改为备案。因此，这 7 类产品的“身份证号”由原来的登记证号变为备案号。

取得肥料登记、备案的产品可以在农业农村部种植业管理司（农药管理司）“有效肥料登记发布”栏目查询，也可以通过“农查查”手机 App 进行查询。查询后，还应该核对登记的信息和购买的产品包装上的信息是否一致，例如，登记的适用范围、养分含量等。

绝招 3：看执行标准。

按照要求，所有国内生产的肥料都必须标注产品执行标准号。肥料生产必须执行相应的国家标准或者行业标准，GB 表示国家标准，NY 表示行业标准，Q 表示企业标准,T 表示团体标准。建议大家优先购买符合国家标准和行业标准的产品。

第三节　常用肥料包装标准要求

一、整体要求

2021 年发布实施的 GB 18382—2021《肥料标识　内容和要求》对肥料包装标识内容及要求做了整体规定，主要包括肥料名称及商标，肥料规格、等级和净含量，养分含量，其他添加物含量，限量物质与指标等。

1. 肥料名称及商标

通用名称（标准名称）指标明执行国家标准、行业标准、地方标准的产品按相应标准中的规定标注通用名称。标明执行团体标准、企业标准的产品，通用名称应使用GB/T 32741—2016的“4.1按养分分类”中相对应的类别名称，或使用GB/T 6274—2016的“2.2产品术语”中相对应的产品名称。需要肥料登记管理的产品按已取得的有效登记的名称标注。

需要特别注意名称中的禁用语，肥料名称（包括商品名称）中不应带有不实、夸大性质的词语及谐音，包括但不限于：高效、特效、全元、多元、高产、双效、多效、增长、促长、高肥力、霸、王、神、灵、宝、圣、活性、活力、强力、激活、抗逆、抗害、高能、多能、全营养、保绿、保花、保果等。

2. 肥料规格、等级和净含量

肥料产品标准中已规定规格、等级、类别的，应标明相应的规格、等级、类别。若仅标明养分含量，则视为产品质量全项技术指标符合养分含量所对应的产品最高等级（优等品）要求。肥料产品单件包装上应标明净含量。

3. 养分含量

养分含量是肥料标识的重中之重。总养分指总氮、有效磷和钾含量之和，以质量分数计。氮含量以N计，磷含量以P_2O_5计，钾含量以K_2O计，中量元素和微量元素以元素单质计。养分含量应以单一包装声明净含量的总物料为基础计算并标明，不应将包装容器内的物料拆分标注养分含量，如黑粒中有机质20%，灰粒中总养分25%。同时要注意不应以“总有效成分”“总含量”“总指标值”等与总养分相混淆。

4. 其他添加物含量

若加入其他添加物，生产者应有足够证据证明添加物安全有效。可标明其他添加物的名称和含量，应分别标明各添加物的含量，不得将添加物含量与养分相加。

5. 限量物质及指标

产品标准中规定需要限制并标明的物质或元素等应单独标明，不应标注元素敏感或忌用作物的图案，警示语应以显著方式标明。例如，“氯含量较高，使用不当会对作物造成伤害。”

6. 其他基础信息

主要包括生产许可证编号、肥料登记证编号，生产者和/或经销者的名称、地址，生产日期或批号、进口合同号，执行标准，使用说明，安全说明或警示说明及其他需要说明的内容。

二、常见肥料包装标识要求

常见肥料包装标识要求见表4-1。

表 4–1　常见肥料包装标识要求

序号	肥料名称	特殊标识要求	注意事项
1	尿素	含缩二脲，使用不当会对作物造成伤害	散装产品和以集装袋为包装的产品，所附质量说明书已标明所有标识内容的，可以按照协议规定简化
2	硫酸铵	若在产品包装上标明本标准要求之外的肥料添加物，应在包装容器上标明添加物名称、作用、含量及相应的检测方法标准	
3	氯化铵	产品包装容器正面应标明产品类别和等级（如工业用一等品，农业用优等品）	
4	脲铵氮肥	①产品包装容器正面应标明总氮含量、酰胺态含量和铵态氮含量 ②氯离子的质量分数大于 3.0% 的产品，在包装容器的显著位置用汉字明确标注“含氯（低氯）或（中氯）”或“含氯（高氯）”	
5	磷酸二铵	产品包装容器正面应标明产品类别（如传统法、料浆法）	
6	过磷酸钙 / 重过磷酸钙	在包装容器上标明有效磷含量、水溶性磷含量、硫含量、产品等级	
7	硫酸钾	产品包装容器正面应标明类型（粉末结晶状或颗粒状）、水溶性氧化钾含量、硫含量和氯离子含量	
8	氧化钾	应标明产品类型、氧化钾含量（干基）和水分含量，可以用易于识别的二维码或条形码标注部分产品信息	
9	复合肥料	①如含有硝态氮，应在包装容器上标明“含硝态氮” ②以钙镁磷肥等枸溶性磷肥为基础肥料的产品应在包装容器的显著位置标明为“枸溶性磷” ③氯离子的质量分数大于 3.0% 的产品，在包装容器的显著位置用汉字明确标注“含氯（低氯）或（中氯）”或“含氯（高氯）” ④标明“含有酰胺态氮（尿素态氮）”的产品应在包装容器的显著位置标明“含缩二脲，使用不当会对作物造成伤害” ⑤若加入中量元素和（或）微量元素，可按中量元素和（或）微量元素分别标明各单一元素含量，不应将中量元素和微量元素含量计入总养分	
10	掺混肥料（BB 肥）	①氯离子的质量分数大于 3.0% 的产品，在包装容器的显著位置用汉字明确标注“含氯（低氯）或（中氯）”或“含氯（高氯）” ②包装上标有缓释或控释字样时，应同时执行标明的缓释、控释肥料国家标准或行业标准 ③使用硝酸铵产品为原料时，应在包装正面注明硝酸铵所占质量分数	

续表

序号	肥料名称	特殊标识要求	注意事项
11	大量元素水溶肥料	①氯离子的质量分数大于 3.0% 的产品，在包装容器的显著位置用汉字明确标注“含氯（低氯）或（中氯）”或“含氯（高氯）” ②应标注钠元素含量的标明值 ③应标注 pH 的标明值 ④颗粒状固体的粒度	
12	含氨基酸水溶肥料	①游离氨基酸最低标明值 ②中量元素和 / 或微量元素含量最低标明值，单一中量元素和 / 或微量元素含量最低标明值 ③硫元素含量的标明值 ④氯元素含量的标明值 ⑤钠元素含量的标明值 ⑥ pH 的标明值	
13	含腐植酸水溶肥料	①腐植酸最低标明值 ②中量元素和 / 或微量元素含量最低标明值，单一中量元素和 / 或微量元素含量最低标明值 ③硫元素含量的标明值 ④氯元素含量的标明值 ⑤钠元素含量的标明值 ⑥ pH 的标明值	
14	有机水溶肥料	①总氮、磷、钾、钙、镁、铁、铜、锌、锰、硼、钼、游离氨基酸、腐植酸、海藻酸、聚谷氨酸、壳聚糖、聚天门冬氨酸、有机质的最低标明值 ② pH 的标明值 ③水不溶物含量和水分（固体）的最高标明值 ④粒度的最低标明值 ⑤主要原料名称 ⑥有效期	
15	中量元素水溶肥料	①中量元素含量最低标明值和单一中量元素含量标明值 ②硫元素含量的标明值 ③氯元素含量的标明值 ④钠元素含量的标明值 ⑤ pH 的标明值 ⑥汞砷镉铅铬最高标明值	
16	硝酸铵钙	应标明总氮、硝态氮、铵态氮、水溶性钙和水不溶物含量及粒度	
17	微量元素水溶肥料	①微量元素含量最低标明值和单一微量元素含量标明值 ②硫元素含量的标明值 ③氯元素含量的标明值 ④钠元素含量的标明值 ⑤ pH 的标明值 ⑥汞砷镉铅铬最高标明值	

续表

序号	肥料名称	特殊标识要求	注意事项
18	有机－无机复混肥料	①应在产品包装容器正面标明产品类别（如Ⅰ型、Ⅱ型、Ⅲ型）、配合式、有机质含量 ②产品如含有硝态氮，应在包装容器正面标明“含硝态氮” ③氯离子的质量分数大于3.0%的产品，应在包装容器的显著位置用汉字明确标注“含氯（低氯）”“含氯（中氯）”或“含氯（高氯）” ④标明“含氯”的产品，包装容器上不应有对氯敏感作物的图片，也不应有“硫酸钾（型）”“硝酸钾（型）” ⑤“硫基”“硝硫基”等容易导致用户误认为产品不含氯的标识	
19	有机肥料	①有机肥料包装袋上应注明主要原料名称（质量分数≥5%，以鲜基计）、有机质含量、总养分含量及单一养分含量，建议标注二维码 ②氯离子含量的标明值。当产品中氯离子含量≥2.0%时进行标注 ③杂草种子活性的标明值	
20	黄腐酸钾	①原料种类（矿物源或生物源） ②矿物源或生物源黄腐酸和氧化钾含量的最低标明值 ③pH的标明值	
21	微生物菌剂	保质期	
22	生物有机肥	保质期	
23	复合微生物肥料	保质期	
24	农用微生物浓缩制剂	保质期	

第五章　施肥原则与方案

第一节　主要大田作物施肥方案

一、冬小麦

（一）施肥原则

1. 提倡秸秆还田，增施有机肥

加大秸秆粉碎还田力度，提倡施用有机无机复混肥料，提高土壤保水保肥能力。若底肥施用了有机肥，依据有机肥当季矿化并被冬小麦利用的养分数量，酌情减少化肥总用量。

2. 底肥、追肥、叶面施肥相结合

底肥：建议施用高磷复合肥，有利于幼苗防冻。追肥：返青后根据苗情确定氮肥用量和施用次数。叶面施肥：结合"一喷三防"措施，增加磷酸二氢钾等叶面肥施用。

3. 提倡采用水肥一体化施肥方式

根据土壤墒情和保水、保肥能力，合理确定灌水量和时间，将氮肥通过喷灌方式施入农田，做到水、肥管理一体化，节肥节水、省工省力。

（二）施肥建议

1. 底追结合施肥建议

（1）推荐 18–20–7（$N-P_2O_5-K_2O$）或相近配方（表 5–1）

（2）底肥建议如下

产量水平 350 ～ 400 千克 / 亩以下：配方肥推荐用量 25 ～ 30 千克 / 亩。

产量水平 400 ～ 500 千克 / 亩：配方肥推荐用量 30 ～ 35 千克 / 亩。

产量水平 500 ～ 600 千克 / 亩：配方肥推荐用量 35 ～ 40 千克 / 亩。

表 5–1　冬小麦底追结合底肥大配方

作物	肥料类型	底肥推荐配方（$N-P_2O_5-K_2O$）	底肥相近配方（$N-P_2O_5-K_2O$）
冬小麦	复合肥料或掺混肥料，氯化钾型	18–20–7	16–21–8、16–20–9、18–20–7、20–20–5 等

产量水平 600 ~ 650 千克 / 亩：配方肥推荐用量 40 ~ 45 千克 / 亩。

（3）追肥建议如下

返青前每亩总茎数小于 60 万，叶色较淡、长势较差的三类麦田，应以促为主，追肥越早越好，春季追肥可分两次进行。第一次在返青期，随浇水每亩追施尿素 8 ~ 10 千克；第二次在拔节期，随浇水每亩追施尿素 12 ~ 15 千克。

返青前每亩总茎数为 60 万 ~ 80 万，群体偏小的二类麦田，在小麦起身期结合浇水每亩追施尿素 18 ~ 20 千克。

返青前每亩总茎数为 80 万 ~ 100 万，群体适宜的一类麦田，可在拔节期结合浇水每亩追尿素 15 ~ 18 千克。

返青前每亩总茎数大于 100 万，叶色浓绿、有旺长趋势的麦田，应以控为主，应在返青期采取中耕镇压，推迟氮肥施用时间和减少氮肥用量，控旺促壮，预防倒伏和贪青晚熟。一般可在拔节后期每亩追施尿素 10 ~ 12 千克。

2. 叶面施肥

在小麦灌浆期，根据白粉病、蚜虫等病虫害发生情况，采取“一喷三防”措施，结合杀虫、杀菌剂，叶面喷施 0.3% 的尿素 +0.3% 的磷酸二氢钾，或其他含氮磷钾的叶面肥，预防干热风，提高灌浆强度，增加粒重。

二、春玉米

（一）施肥原则

1. 提倡秸秆还田和施用有机肥

加大秸秆还田力度，提倡底肥增施腐熟粪肥、商品有机肥等有机肥料。增施有机肥可以提高土壤保水保肥能力，提升土壤微生物的活力，并可部分替代化肥，是培育稳产田的主要手段。

2. 根据目标产量和土壤地力情况确定施肥方案

肥料施用与深松、增密等高产栽培技术相结合，高产田适当增加钾肥的施用，提倡采取缓释肥一次性施肥措施，轻简省工。

3. 施用缓释肥注意后期脱肥情况

采取缓释肥一次性施肥，若因降雨过多等原因发现脱肥情况，注意后期适时适量补充氮肥。

（二）施肥建议

1. 底追结合施肥建议

（1）推荐 18–15–12（$N-P_2O_5-K_2O$）或相近配方（表 5–2）

表 5-2　春玉米底追结合底肥大配方

作物	肥料类型	底肥推荐配方（$N-P_2O_5-K_2O$）	底肥相近配方（$N-P_2O_5-K_2O$）
春玉米	复合肥料或掺混肥料，氯化钾型	18-15-12	19-15-13、20-15-10、17-13-10 等

（2）底肥建议如下

产量水平 450 ~ 550 千克 / 亩：推荐底施配方肥 30 ~ 35 千克 / 亩，在小喇叭口期追施尿素 12 ~ 15 千克 / 亩。

产量水平 550 ~ 650 千克 / 亩：推荐底施配方肥 35 ~ 40 千克 / 亩，在小喇叭口期追施尿素 15 ~ 18 千克 / 亩。

产量水平 650 ~ 750 千克 / 亩：推荐底施配方肥 40 ~ 45 千克 / 亩，在小喇叭口期追施尿素 18 ~ 20 千克 / 亩。

2. 一次性施肥建议

（1）推荐缓释肥料 28-10-8（$N-P_2O_5-K_2O$）或相近配方（表 5-3）

（2）底施缓释肥建议如下

产量水平 450 ~ 550 千克 / 亩：推荐一次性底施缓释肥 35 ~ 40 千克 / 亩。

产量水平 550 ~ 650 千克 / 亩：推荐一次性底施缓释肥 40 ~ 45 千克 / 亩。

产量水平 650 ~ 750 千克 / 亩：推荐一次性底施缓释肥 45 ~ 50 千克 / 亩。

三、夏玉米

（一）施肥原则

1. 提倡秸秆还田和施用有机肥

加大秸秆还田力度，提倡底肥增施腐熟粪肥、商品有机肥等有机肥料。增施有机肥可以提高土壤保水保肥能力，提升土壤微生物的活力，并可替代部分化肥，是培育稳产田的主要手段。

表 5-3　春玉米缓释肥底肥大配方

作物	肥料类型	底肥推荐配方（$N-P_2O_5-K_2O$）	底肥相近配方（$N-P_2O_5-K_2O$）
春玉米	缓释肥料，缓释养分量 ≥ 8%，缓释期 60 天，氯化钾型	28-10-8	26-10-9、28-12-10、26-12-10 等

2. 根据目标产量和土壤地力情况确定施肥方案

肥料施用与深松、增密等高产栽培技术相结合，高产田适当增加钾肥的施用，提倡采取缓释肥一次性施肥措施，轻简省工。

3. 施用缓释肥注意后期脱肥情况

采取缓释肥一次性施肥，若因降雨过多等原因发现脱肥情况，注意后期适时适量补充氮肥。

（二）施肥建议

1. 底追结合施肥建议

（1）推荐 20–10–15（N–P_2O_5–K_2O）或相近配方（表 5–4）

（2）底肥建议如下

产量水平 300 ~ 400 千克 / 亩：推荐底施配方肥 25 ~ 30 千克 / 亩，在小喇叭口期追施尿素 10 ~ 12 千克 / 亩。

产量水平 400 ~ 500 千克 / 亩：推荐底施配方肥 30 ~ 35 千克 / 亩，在小喇叭口期追施尿素 12 ~ 15 千克 / 亩。

产量水平 500 ~ 600 千克 / 亩：推荐底施配方肥 35 ~ 40 千克 / 亩，在小喇叭口期追施尿素 12 ~ 15 千克 / 亩。

2. 一次性施肥建议

（1）推荐缓释肥料 28–8–10（N–P_2O_5–K_2O）或相近配方（表 5–5）

（2）底施缓释肥建议如下

产量水平 300 ~ 400 千克 / 亩：推荐一次性底施缓释肥 30 ~ 35 千克 / 亩。

表 5–4　夏玉米底追结合底肥大配方

作物	肥料类型	底肥推荐配方（N–P_2O_5–K_2O）	底肥相近配方（N–P_2O_5–K_2O）
夏玉米	复合肥料或掺混肥料，氯化钾型	20–10–15	18–12–15、18–10–17、22–8–15 等

表 5–5　夏玉米缓释肥底肥肥料大配方

作物	肥料类型	底肥推荐配方（N–P_2O_5–K_2O）	底肥相近配方（N–P_2O_5–K_2O）
夏玉米	缓释肥料，缓释养分量 ≥ 8%，缓释期 60 天，氯化钾型	28–8–10	28–8–8、26–9–10、25–10–10、24–10–11、30–6–8 等

产量水平 400 ~ 500 千克 / 亩：推荐一次性底施缓释肥 35 ~ 40 千克 / 亩。

产量水平 500 ~ 600 千克 / 亩：推荐一次性底施缓释肥 40 ~ 45 千克 / 亩。

四、大豆

（一）施肥原则

1. 测土配方，合理配比

根据测土结果，控制氮肥用量，合理施用磷钾肥，玉米改种大豆区域可适当减少化肥施用总量，复垦复耕地块可适当增加化肥施用总量。氮磷钾肥作种肥一次性施用，施在种子侧下方 4 ~ 6 厘米处。

2. 秸秆还田，科学配施

提倡秸秆还田，根据秸秆还田量适当减少钾肥投入；提倡有机无机科学配施，有条件的地方增施有机肥或选用有机无机复混肥料作底肥。

3. 菌剂拌种，提高效率

提倡根瘤菌剂拌种或包衣，提高结瘤效率。

4. 参考地力，科学追肥

根据土壤肥力、底肥施用情况，科学追施硼、钼等中微量元素肥料。

（二）施肥建议

1. 钼肥拌种

每千克大豆种子加入 2 克钼肥（钼酸铵），配制成 1% 浓度溶液进行拌种。

2. 根瘤菌剂拌种

（1）拌种剂量及时间

根据播种量，按大豆根瘤菌剂产品说明书确定用量。一般应保证每粒种子表面有效活菌数达到 10^5 ~ 10^6 个，阴干后及时播种。

（2）与种衣剂一起使用时的建议

先拌种衣剂，待完全阴干后再拌根瘤菌剂，拌种后在 12 小时内及时播种。

3. 增施有机肥

复耕复垦地块建议每亩施用 1 $米^3$ 腐熟有机肥或 0.5 吨商品有机肥作底肥。

表 5–6　大豆底肥大配方

作物	肥料类型	底肥推荐配方（$N-P_2O_5-K_2O$）	底肥相近配方（$N-P_2O_5-K_2O$）
大豆	复合肥料或掺混肥料，氯化钾型	13–17–15	12–15–13、11–13–11 等

4. 推荐肥料配方

推荐 13–17–15（$N-P_2O_5-K_2O$）或相近配方（表 5–6）。

5. 底肥建议

产量水平 150 ~ 200 千克 / 亩：推荐底施配方肥 15 ~ 20 千克 / 亩。

产量水平 200 ~ 250 千克 / 亩：推荐底施配方肥 20 ~ 25 千克 / 亩。

产量水平 250 ~ 300 千克 / 亩：推荐底施配方肥 25 ~ 30 千克 / 亩。

6. 追肥建议

在大豆开花结荚期，建议叶面喷施 0.2% 的硼肥（硼酸）2 ~ 3 次，每隔 10 ~ 15 天喷一次，硼肥用量 8 ~ 12 克 / 亩。

五、花生

（一）施肥原则

1. 有机与无机相结合

增施有机肥，控制氮肥用量，适当增加磷钾肥用量，提倡配合施用花生根瘤菌剂。

2. 以底肥为主，追肥为辅

底肥施用以有机无机复混肥料或复合肥料为主，以叶面追肥为辅。

3. 补充中微量营养元素

北京市土壤大部分属碱性土壤，建议钙肥选用过磷酸钙作底肥，既调理土壤酸碱度，又补充钙肥、磷肥，钼、硼等微量元素可采取拌种或与根瘤菌剂混合拌种方式，提高接瘤效率，但要注意微量元素间的拮抗作用。

（二）施肥建议

1. 增施有机肥

每亩施用 1 米^3 腐熟有机肥或 0.5 吨商品有机肥，以及 10 ~ 15 千克过磷酸钙作底肥。

2. 推荐肥料配方

推荐施用缓释肥，肥料配比 24–10–11（$N-P_2O_5-K_2O$）或相近配方（表 5–7）。

表 5–7　花生缓释肥底肥大配方

作物	肥料类型	底肥推荐配方（$N-P_2O_5-K_2O$）	底肥相近配方（$N-P_2O_5-K_2O$）
花生	缓释肥料，缓释养分量≥ 8%，缓释期 60 天，氯化钾型	24–10–11	25–10–10、26–8–12、28–8–10 等

3. 底肥建议

产量水平 230 ~ 280 千克 / 亩：推荐底施配方肥 28 ~ 33 千克 / 亩。

产量水平 280 ~ 330 千克 / 亩：推荐底施配方肥 33 ~ 38 千克 / 亩。

产量水平 330 ~ 380 千克 / 亩：推荐底施配方肥 38 ~ 43 千克 / 亩。

4. 叶面追肥

根据花生长势，结荚期叶面喷施 0.3% ~ 0.5% 浓度的尿素，并配合喷施钙、硼、锌和钼等中微量元素肥料。

六、甘薯

（一）施肥原则

1. 有机与无机相结合

宜选择砂壤土、壤土等通透性好的地块，增施有机肥，减少化肥用量，推荐选用有机无机复混肥料作底肥。

2. 以底肥为主，以追肥为辅

底肥建议选用高钾配方的硫酸钾型复合肥料，追肥根据苗情以叶面喷施为主。

（二）施肥建议

1. 增施有机肥

每亩施用 2 $米^3$ 腐熟有机肥或 1 吨商品有机肥。

2. 推荐肥料配方

推荐 15–10–20（$N–P_2O_5–K_2O$）或相近配方（表 5–8）。

3. 底肥建议

产量水平 2 000 ~ 2 500 千克 / 亩：推荐底施配方肥 35 ~ 40 千克 / 亩。

产量水平 2 500 ~ 3 000 千克 / 亩：推荐底施配方肥 40 ~ 45 千克 / 亩。

产量水平 3 000 ~ 3 500 千克 / 亩：推荐底施配方肥 45 ~ 50 千克 / 亩。

4. 根外追肥

甘薯块茎膨大后期，可根据长势适量根外追肥 1 ~ 2 次，根外追肥多用磷钾

表 5–8　甘薯底肥大配方

作物	肥料类型	底肥推荐配方（$N–P_2O_5–K_2O$）	底肥相近配方（$N–P_2O_5–K_2O$）
甘薯	复合肥料或掺混肥料，硫酸钾型	15–10–20	15–10–18、12–9–16 等

肥，不用氮肥，可叶面喷洒0.3%磷酸二氢钾溶液或2%过磷酸钙浸出液等。每次喷洒液体肥50千克/亩，每次间隔10 ~ 14天。

七、谷子

（一）施肥原则

1. 有机与无机相结合

有条件的地方建议增施有机肥，有机肥撒施后，进行土壤深松整地备播。

2. 以底肥为主，以追肥为辅

底肥施用专用配方肥料，追肥以尿素为主；有条件的地方建议种肥同播，缓释肥料一次性底施，省工省力，节肥节本，环境友好。

（二）施肥建议

1. 增施有机肥

每亩施用1米^{3}腐熟有机肥或0.5吨商品有机肥。

2. 底追结合施肥建议

（1）推荐16–17–12（N–P_2O_5–K_2O）或相近配方（表5–9）

（2）底肥建议

产量水平150 ~ 200千克/亩：推荐底施16–17–12（N–P_2O_5–K_2O）或相近配方肥25 ~ 30千克/亩，苗高30厘米左右追施1次尿素5 ~ 8千克/亩。

产量水平200 ~ 250千克/亩：推荐底施16–17–12（N–P_2O_5–K_2O）或相近配方肥30 ~ 35千克/亩，苗高30厘米左右追施1次尿素8 ~ 10千克/亩。

产量水平250 ~ 300千克/亩：推荐底施16–17–12（N–P_2O_5–K_2O）或相近配方肥35 ~ 40千克/亩，苗高30厘米左右追施1次尿素10 ~ 12千克/亩。

3. 一次性施肥建议

（1）推荐缓释肥料26–11–8（N–P_2O_5– K_2O）或相近配方（表5–10）

（2）底施缓释肥建议

产量水平150 ~ 200千克/亩：推荐一次性底施缓释肥25 ~ 30千克/亩。

产量水平200 ~ 250千克/亩：推荐一次性底施缓释肥30 ~ 35千克/亩。

表5–9　谷子追结合底肥大配方

作物	肥料类型	底肥推荐配方（N–P_2O_5–K_2O）	底肥相近配方（N–P_2O_5–K_2O）
谷子	复合肥料、掺混肥料，氯化钾型	16–17–12	15–16–11、15–15–15等

表 5-10　谷子缓释肥底肥大配方

作物	肥料类型	底肥推荐配方（$N-P_2O_5-K_2O$）	底肥相近配方（$N-P_2O_5-K_2O$）
谷子	缓释肥料，缓释养分量≥8%，缓释期 60 天，氯化钾型	26-11-8	24-10-7、22-9-7 等

产量水平 250 ~ 300 千克 / 亩：推荐一次性底施缓释肥 35 ~ 40 千克 / 亩。

第二节　主要蔬菜作物施肥方案

一、设施番茄

（一）施肥原则

针对设施番茄常规生产中存在化肥用量偏高、养分投入比例不合理、土壤氮磷钾养分积累明显等问题，结合施肥参数，提出以下施肥原则。

1. 合理施用有机肥

有机肥要经过充分的腐熟发酵，避免烧苗并减少病虫害滋生。结合耕作深翻施肥，使土、肥充分混合，减少养分在土壤表层的积聚。切勿超量施用有机肥，推荐施用生物有机肥和促根类功能性肥料。

2. 合理调整化肥底肥、追肥比例

根据作物产量、茬口及土壤肥力条件，合理分配化肥底肥和追肥的比例，“轻底肥重追肥”，追肥宜与滴灌施肥技术相结合，采用“少量多次”的原则。

3. 合理调整氮磷钾化肥用量

应根据土壤肥力情况和植株长势进行追肥，开花期若遇到低温应适当补充磷肥，结果期以追施低磷高钾水溶肥为主。

4. 适当补充中微量元素

蔬菜特别是果类蔬菜生长发育过程中需要多种中微量元素，对钙、镁、硼、铁相对比较敏感，可采取滴灌和叶面喷施的方式施入。高钾土壤易诱发缺镁的现象，注意适量补充镁肥。可选用硝酸钙、糖醇钙、硫酸镁和螯合铁或其他相似微肥等。

5. 预防土壤盐渍化和连作障碍

土壤退化的老棚需进行秸秆还田或施用高碳氮比的有机肥，少施禽粪肥，增加轮作次数，达到消除土壤盐渍化和减轻连作障碍的目的。

（二）施肥建议

根据目标产量、设施番茄养分吸收规律等推荐微灌条件下的大配方如下。

目标产量为 8 000 ~ 10 000 千克 / 亩，推荐施用 N–P_2O_5–K_2O 总养分量为 50 ~ 64 千克 / 亩；目标产量为 6 000 ~ 8 000 千克 / 亩，推荐施用 N–P_2O_5–K_2O 总养分量为 38 ~ 49 千克 / 亩；目标产量为 4 000 ~ 6 000 千克 / 亩，推荐施用 N–P_2O_5–K_2O 总养分量为 27 ~ 38 千克 / 亩。可根据不同土壤肥力水平、设施条件、茬口安排和作物长势适当进行选择和调整。具体各时期推荐用量见表 5–11。

二、设施黄瓜

（一）施肥原则

针对设施黄瓜常规生产中存在的过量施肥、施肥比例不合理、连作障碍等导致土壤质量退化、养分吸收效率下降等问题，提出以下施肥原则。

1. 合理施用有机肥

施用优质堆肥，提倡优先选用植物源有机堆肥，老菜棚注意多施高碳氮比外源秸秆或有机肥，少施禽粪肥。

2. 合理调整氮磷钾化肥用量

依据土壤肥力条件和有机肥的施用量，综合考虑土壤养分供应，适当调整氮磷钾化肥用量；氮肥和钾肥主要作追肥，少量多次施用，避免追施磷含量高的复合肥。

3. 推荐采用水肥一体化技术

遵循"少量多次"的灌溉施肥原则，苗期不宜频繁追肥，重视结瓜期追肥。

4. 适量施用土壤调理剂

土壤酸化严重的设施菜田应适量施用石灰、钙镁磷肥等碱性肥料或土壤调理剂。

（二）施肥建议

根据目标产量、设施黄瓜养分吸收规律等推荐微灌条件下的大配方如下。

目标产量为 8 000 ~ 10 000 千克 / 亩，推荐施用 N–P_2O_5–K_2O 总养分量为 53 ~ 60 千克 / 亩；目标产量为 6 000 ~ 8 000 千克 / 亩，推荐施用 N–P_2O_5–K_2O 总养分量为 45 ~ 53 千克 / 亩；目标产量为 4 000 ~ 6 000 千克 / 亩，推荐施用 N–P_2O_5–K_2O 总养分量为 37 ~ 45 千克 / 亩。可根据不同土壤肥力水平、设施条件、茬口安排和作物长势适当进行选择和调整。具体各时期推荐用量见表 5–12。

表 5-11　水肥一体化条件下设施番茄推荐施肥量

目标产量 /（千克 / 亩）	$N-P_2O_5-K_2O$ 总量 /（千克 / 亩）	底肥 /（千克 / 亩）	苗期—第一穗果开花期 /（千克 / 亩）	坐果期 /（千克 / 亩）	采收末期 /（千克 / 亩）
8 000 ~ 10 000	总养分 50 ~ 64 千克 / 亩。其中 N 20 ~ 26 千克 / 亩，P_2O_5 4 ~ 6 千克 / 亩，K_2O 26 ~ 32 千克 / 亩	腐熟农家肥（优先选择牛粪、羊粪类有机肥）4 ~ 5 米^3/ 亩或商品有机肥 2 ~ 2.5 吨 / 亩； 一般不施底化肥，中低肥力田可施用专用肥（18-9-18 或相近比例，下同）20 ~ 25 千克 / 亩	追施（20-10-20 或相近比例，下同）水溶肥 1 次，3 千克 / 亩（根据苗情判断，若健壮也可不追施）	每 7 ~ 10 天追施（18-5-27 或相近比例，下同）水溶肥 1 次，坐果前期每次 9 ~ 10 千克 / 亩，坐果中期可适当减少到 8 ~ 9 千克 / 亩；每穗果膨大中期追施 1 次硝酸钙 2 ~ 3 千克 / 亩或糖醇钙 200 ~ 400 毫升；根据叶色诊断酌情补充镁、铁、硼肥	每 7 ~ 10 天追施（18-5-27 或相近比例，下同）水溶肥 1 次，每次 5 ~ 6 千克 / 亩
6 000 ~ 8 000	总养分 38 ~ 49 千克 / 亩。其中 N 15 ~ 20 千克 / 亩，P_2O_5 3 ~ 4 千克 / 亩，K_2O 20 ~ 25 千克 / 亩	腐熟农家肥（优先选择牛粪、羊粪类有机肥）3 ~ 4 米^3/ 亩或商品有机肥 1.5 ~ 2 吨 / 亩； 一般不施底化肥，中低肥力田可施用专用肥（18-9-18）15 ~ 20 千克 / 亩	追施（20-10-20）水溶肥 1 次，2 ~ 3 千克 / 亩（根据苗情判断，若健壮也可不追施）	每 7 ~ 10 天追施（18-5-27）水溶肥 1 次，坐果前期每次 8 ~ 9 千克 / 亩，坐果中期可适当减少到 6 ~ 8 千克 / 亩；每穗果膨大中期追施 1 次硝酸钙 2 ~ 3 千克 / 亩或糖醇钙 200 ~ 400 毫升；根据叶色诊断酌情补充镁、铁、硼肥	每 7 ~ 10 天追施（18-5-27）水溶肥 1 次，每次 4 ~ 5 千克 / 亩
4 000 ~ 6 000	总养分 27 ~ 38 千克 / 亩。其中 N 10 ~ 15 千克 / 亩，P_2O_5 2 ~ 3 千克 / 亩，K_2O 15 ~ 20 千克 / 亩	腐熟农家肥（优先选择牛粪、羊粪类有机肥）2 ~ 3 米^3/ 亩或商品有机肥 1 ~ 1.5 吨 / 亩； 一般不施底化肥，中低肥力田可施用专用肥（18-9-18）10 ~ 15 千克 / 亩	追施（20-10-20）水溶肥 1 次，2 ~ 3 千克 / 亩（根据苗情判断，若健壮也可不追施）	每 7 ~ 10 天追施（18-5-27）水溶肥 1 次，坐果前期每次 7 ~ 8 千克 / 亩，坐果中期可适当减少到 4 ~ 6 千克 / 亩；每穗果膨大中期追施 1 次硝酸钙 2 ~ 3 千克 / 亩或糖醇钙 200 ~ 400 毫升；根据叶色诊断酌情补充镁、铁、硼肥	每 7 ~ 10 天追施（18-5-27）水溶肥 1 次，每次 3 ~ 4 千克 / 亩

表 5-12　微灌条件下的设施黄瓜推荐施肥量

目标产量 /（千克 / 亩）	$N-P_2O_5-K_2O$ 总量 /（千克 / 亩）	底肥 /（千克 / 亩）	苗期 – 根瓜开花期 /（千克 / 亩）	结瓜期 /（千克 / 亩）
8 000 ~ 10 000	总养分 53 ~ 60 千克 / 亩。其中 N 24 ~ 27 千克 / 亩，P_2O_5 5 ~ 6 千克 / 亩，K_2O 24 ~ 27 千克 / 亩	腐熟农家肥（优先选择牛粪、羊粪类有机肥）3.2 ~ 3.6 米^3/ 亩或商品有机肥 1.5 ~ 1.8 吨 / 亩；一般不施底化肥，中低肥力田可施用专用肥（18–9–18）18 ~ 20 千克 / 亩	追施（20–10–20 或相近比例，下同）水溶肥 1 次，4 千克 / 亩（根据苗情判断，若苗弱也可再追施 1 次）	每结一批瓜补充 1 次肥水，建议追施（18–5–27 或相近比例，下同）水溶肥，每 5 天左右追肥 1 次，每次 8 ~ 9 千克 / 亩；结瓜末期可适当减少到 4 ~ 5 千克 / 亩；根据叶色诊断酌情补充钙、镁、铁肥
6 000 ~ 8 000	总养分 45 ~ 53 千克 / 亩。其中 N 20 ~ 24 千克 / 亩，P_2O_5 4 ~ 5 千克 / 亩，K_2O 21 ~ 24 千克 / 亩	腐熟农家肥（优先选择牛粪、羊粪类有机肥）3.0 ~ 3.2 米^3/ 亩或商品有机肥 1.2 ~ 1.5 吨 / 亩；一般不施底化肥，中低肥力田可施用专用肥（18–9–18）15 ~ 18 千克 / 亩	追施（20–10–20 或相近比例，下同）水溶肥 1 次，3 ~ 4 千克 / 亩（根据苗情判断，若苗弱也可再追施 1 次）	每结一批瓜补充 1 次肥水，建议追施（18–5–27 或相近比例，下同）水溶肥，每 5 天左右追肥 1 次，每次 7 ~ 8 千克 / 亩；结瓜末期可适当减少到 3 ~ 4 千克 / 亩；根据叶色诊断酌情补充钙、镁、铁肥
4 000 ~ 6 000	总养分 37 ~ 45 千克 / 亩。其中 N 17 ~ 20 千克 / 亩，P_2O_5 3 ~ 4 千克 / 亩，K_2O 17 ~ 21 千克 / 亩	腐熟农家肥（优先选择牛粪、羊粪类有机肥）2.4 ~ 3.0 米^3/ 亩或商品有机肥 1.0 ~ 1.2 吨 / 亩；一般不施底化肥，中低肥力田可施用专用肥（18–9–18）10 ~ 15 千克 / 亩	追施（20–10–20 或相近比例，下同）水溶肥 1 次，3 ~ 4 千克 / 亩（根据苗情判断，若苗弱也可再追施 1 次）	每结一批瓜补充 1 次肥水，建议追施（18–5–27 或相近比例，下同）水溶肥，每 5 天左右追肥 1 次，每次 6 ~ 7 千克 / 亩；结瓜末期可适当减少到 3 ~ 4 千克 / 亩；根据叶色诊断酌情补充钙、镁、铁肥

三、设施辣椒

（一）施肥原则

针对设施辣椒常规生产中存在施肥过量、养分比例不合理，有机无机肥料配合不够等问题，结合辣椒施肥参数，提出以下施肥原则。

1. 有机与无机相结合

因地制宜增施优质有机肥，重视有机和无机肥料配合施用。

2. 合理调整施用氮磷钾化肥用量

根据作物目标产量、不同时期生长发育规律、土壤肥力条件合理施用氮磷钾肥。

3. 根据生育期合理施肥

辣椒移栽后到开花期前，促控结合，薄肥勤浇；从始花到分枝坐果时应控制施肥，以防落花、落叶、落果；幼果期和采收期要及时施用肥料，促进幼果膨大。

4. 提倡采用水肥一体化技术

提高水肥利用效率。

5. 适当补充中微量元素

在辣椒结果初期、结果中期和结果盛期建议叶面喷施适宜的硼肥和钙肥，预防脐腐病。

6. 适量施用土壤调理剂

土壤酸化严重的菜田适量施用石灰等土壤调理剂。

（二）施肥建议

根据目标产量、设施辣椒养分吸收规律等推荐微灌条件下的大配方如下。

目标产量为4 000 ~ 5 000千克 / 亩，推荐施用 $N-P_2O_5-K_2O$ 总养分量为46 ~ 56千克 / 亩；目标产量为2 500 ~ 4 000千克 / 亩，推荐施用 $N-P_2O_5-K_2O$ 总养分量为34 ~ 46千克 / 亩；目标产量为1 500 ~ 2 500千克 / 亩，推荐施用 $N-P_2O_5-K_2O$ 总养分量为23 ~ 34千克 / 亩。可根据不同土壤肥力水平、设施条件和作物长势适当进行选择和调整。具体各时期推荐用量见表5-13。

四、设施茄子

（一）施肥原则

针对设施茄子常规生产中存在化肥用量偏高、养分比例不合理、有机无机肥料配合不够等问题，结合茄子养分需肥规律和施肥参数，提出以下施肥原则。

表 5-13　微灌条件下的设施辣椒推荐施肥量

目标产量 /（千克 / 亩）	$N-P_2O_5-K_2O$ 总量 /（千克 / 亩）	底肥 /（千克 / 亩）	苗期—门椒开花期 /（千克 / 亩）	门椒膨大期 /（千克 / 亩）	结果盛期 /（千克 / 亩）
4 000 ~ 5 000	总养分 46 ~ 56 千克 / 亩。其中 N 19 ~ 23 千克 / 亩，P_2O_5 6 ~ 7 千克 / 亩，K_2O 21 ~ 26 千克 / 亩	腐熟农家肥（优先选择牛粪、羊粪类有机肥）3 ~ 4 米^3/ 亩或商品有机肥 1.5 ~ 2.0 吨 / 亩；一般不施底化肥，中低肥力田可施用专用肥（18–9–18）20 ~ 25 千克 / 亩	追施（20–10–20 或相近比例，下同）水溶肥 1 次，3 千克 / 亩（根据苗情判断，若苗弱也可再追施 1 次）	每 7 ~ 10 天追施（18–5–27 或相近比例，下同）水溶肥 1 次，每次 7 ~ 8 千克 / 亩；每穗果膨大中期追施 1 次硝酸钙 2 ~ 3 千克或糖醇钙 200 ~ 300 毫升，根据叶色诊断酌情补充镁、铁肥	每 7 ~ 10 天追施（18–5–27 或相近比例，下同）水溶肥 1 次，每次 6 ~ 7 千克 / 亩
2 500 ~ 4 000	总养分 34 ~ 46 千克 / 亩。其中 N 15 ~ 19 千克 / 亩，P_2O_5 5 ~ 6 千克 / 亩，K_2O 14 ~ 21 千克 / 亩	腐熟农家肥（优先选择牛粪、羊粪类有机肥）2.4 ~ 3.0 米^3/ 亩或商品有机肥 1.2 ~ 1.5 吨 / 亩；一般不施底化肥，中低肥力田可施用专用肥（18–9–18）15 ~ 20 千克 / 亩	追施（20–10–20）水溶肥 1 次，2 ~ 3 千克 / 亩（根据苗情判断，若苗弱也可再追施 1 次）	每 7 ~ 10 天追施（18–5–27）水溶肥 1 次，每次 6 ~ 7 千克 / 亩；每穗果膨大中期追施 1 次硝酸钙 2 ~ 3 千克或糖醇钙 200 ~ 300 毫升，根据叶色诊断酌情补充镁、铁肥	每 7 ~ 10 天追施（18–5–27）水溶肥 1 次，每次 5 ~ 6 千克 / 亩
1 500 ~ 2 500	总养分 23 ~ 34 千克 / 亩。其中 N 8 ~ 15 千克 / 亩，P_2O_5 4 ~ 5 千克 / 亩，K_2O 11 ~ 14 千克 / 亩	腐熟农家肥（优先选择牛粪、羊粪类有机肥）2.0 ~ 2.4 米^3/ 亩或商品有机肥 1.0 ~ 1.2 吨 / 亩；一般不施底化肥，中低肥力田可施用专用肥（18–9–18）10 ~ 15 千克 / 亩	追施（20–10–20）水溶肥 1 次，2 千克 / 亩（根据苗情判断，若苗弱也可再追施 1 次）	每 7 ~ 10 天追施（18–5–27）水溶肥 1 次，每次 5 ~ 6 千克 / 亩；每穗果膨大中期追施 1 次硝酸钙 2 ~ 3 千克或糖醇钙 200 ~ 300 毫升，根据叶色诊断酌情补充镁、铁肥	每 7 ~ 10 天追施（18–5–27）水溶肥 1 次，每次 4 ~ 5 千克 / 亩

1. 合理施用有机肥料，调整氮磷钾化肥用量

土壤退化的老棚需施用高碳氮比的有机肥，少施用禽粪肥。

2. 合理分配化肥

根据作物产量、土壤肥力合理分配化肥，大部分磷肥作基施，氮钾肥追施；生长前期不宜频繁追肥，重视花后和中后期追肥。

3. 提倡采用水肥一体化技术

遵循“少量多次”的灌溉施肥原则。

4. 适量施用碱性肥料或土壤调理剂

土壤酸化严重的菜田适量施用石灰、钙镁磷肥等碱性肥料或土壤调理剂。

5. 适量补充中微量营养元素

在茄子生长中期注意叶面喷施适宜的硼肥和钙肥，防治脐腐病。

（二）施肥建议

根据目标产量、设施茄子养分吸收规律等推荐微灌条件下的大配方如下。

目标产量为 5500 ~ 7000 千克 / 亩，推荐施用 N–P_2O_5–K_2O 总养分量为 61 ~ 73 千克 / 亩；目标产量为 4000 ~ 5500 千克 / 亩，推荐施用 N–P_2O_5–K_2O 总养分量为 49 ~ 61 千克 / 亩；目标产量为 2500 ~ 4000 千克 / 亩，推荐施用 N–P_2O_5–K_2O 总养分量为 36 ~ 49 千克 / 亩。可根据不同土壤肥力水平、设施条件和作物长势适当进行选择和调整。具体各时期推荐用量见表 5–14。

五、设施结球生菜

（一）施肥原则

针对设施结球生菜生产中偏施氮肥、钾肥钙肥投入不足，导致生菜产量不高、品质下降的现象，提出如下施肥原则。

1. 注意大量营养元素的配合与平衡施用

结球生菜全生育期需要氮磷钾养分比例为 1 ∶ 0.4 ∶ 0.9，因此，施肥应以氮肥为主，但是也要适当配合磷、钾肥的施用。苗期缺磷则出现叶色暗绿，生长衰退的病症；缺钾则会影响结球期叶球的形成，品质降低。

2. 注意底肥追肥比例

有机肥和磷肥应全部作底肥施用，氮肥和钾肥分底肥和追肥分别施用。冬春季设施生菜栽培要减少追肥，防止湿度过大，发生病害。

3. 注意补充中微量营养元素

生菜缺钙易引起干烧心而导致叶球腐烂，特别是春茬生产易发生干热风或

表 5–14　微灌条件下的设施茄子推荐施肥量

目标产量 /（千克 / 亩）	$N-P_2O_5-K_2O$ 总量 /（千克 / 亩）	底肥 /（千克 / 亩）	苗期—门茄开花期 /（千克 / 亩）	门茄膨大期 /（千克 / 亩）	结果盛期 /（千克 / 亩）
5 500 ~ 7 000	总养分 61 ~ 73 千克 / 亩。其中 N 25 ~ 30 千克 / 亩，P_2O_5 12 ~ 15 千克 / 亩，K_2O 24 ~ 28 千克 / 亩	腐熟农家肥（优先选择牛粪、羊粪类有机肥）3 ~ 4 米^3/ 亩或商品有机肥 1.5 ~ 2.0 吨 / 亩；一般不施底化肥，中低肥力田可施用专用肥（18–9–18）20 ~ 25 千克 / 亩	追施（20–10–20 或相近比例，下同）水溶肥 1 次，3 千克 / 亩（根据苗情判断，若苗弱也可再追施 1 次）	每 7 ~ 10 天追施（18–5–27 或相近比例，下同）水溶肥 1 次，每次 9 ~ 10 千克 / 亩；根据叶色诊断酌情补充钙、镁、铁肥	每 7 ~ 10 天追施（18–5–27 或相近比例，下同）水溶肥 1 次，每次 8 ~ 9 千克 / 亩
4 000 ~ 5 500	总养分 49 ~ 61 千克 / 亩。其中 N 20 ~ 25 千克 / 亩，P_2O_5 10 ~ 12 千克 / 亩，K_2O 19 ~ 24 千克 / 亩	腐熟农家肥（优先选择牛粪、羊粪类有机肥）2.4 ~ 3.0 米^3/ 亩或商品有机肥 1.2 ~ 1.5 吨 / 亩；一般不施底化肥，中低肥力田可施用专用肥（18–9–18）15 ~ 20 千克 / 亩	追施（20–10–20）水溶肥 1 次，2 ~ 3 千克 / 亩（根据苗情判断，若苗弱也可再追施 1 次）	每 7 ~ 10 天追施（18–5–27）水溶肥 1 次，每次 8 ~ 9 千克 / 亩；根据叶色诊断酌情补充钙、镁、铁肥	每 7 ~ 10 天追施（18–5–27）水溶肥 1 次，每次 7 ~ 8 千克 / 亩
2 500 ~ 4 000	总养分 36 ~ 49 千克 / 亩。其中 N 15 ~ 20 千克 / 亩，P_2O_5 7 ~ 10 千克 / 亩，K_2O 14 ~ 19 千克 / 亩	腐熟农家肥（优先选择牛粪、羊粪类有机肥）2.0 ~ 2.4 米^3/ 亩或商品有机肥 1.0 ~ 1.2 吨 / 亩；一般不施底化肥，中低肥力田可施用专用肥（18–9–18）10 ~ 15 千克 / 亩	追施（20–10–20）水溶肥 1 次，2 千克 / 亩（根据苗情判断，若苗弱也可再追施 1 次）	每 7 ~ 10 天追施（18–5–27）水溶肥 1 次，每次 7 ~ 8 千克 / 亩；根据叶色诊断酌情补充钙、镁、铁肥	每 7 ~ 10 天追施（18–5–27）水溶肥 1 次，每次 6 ~ 7 千克 / 亩

环境温度过高，要注意补充钙肥，可用糖醇钙、氨基酸钙等吸收率高的新型钙肥进行叶面喷施，或者随水追施 1 次硝酸钙或硝酸铵钙等传统钙肥，15 ~ 20 千克 / 亩。

（二）施肥建议

根据目标产量不同，氮磷钾的养分建议用量如下。

产量水平 3000 ~ 4000 千克 / 亩，氮肥（N）11 ~ 15 千克 / 亩，相当于尿素 24 ~ 33 千克 / 亩；磷肥（P_2O_5）4.3 ~ 5.8 千克 / 亩，相当于磷酸二铵 9.3 ~ 12.6 千克 / 亩；钾肥（K_2O）9 ~ 12 千克 / 亩，相当于硫酸钾 17 ~ 23 千克 / 亩。

产量水平 2000 ~ 3000 千克 / 亩，氮肥（N）8 ~ 11 千克 / 亩，相当于尿素 18 ~ 24 千克 / 亩；磷肥（P_2O_5）3.0 ~ 4.3 千克 / 亩，相当于磷酸二铵 6.6 ~ 9.3 千克 / 亩；钾肥（K_2O）5 ~ 9 千克 / 亩，相当于硫酸钾 9.6 ~ 17.0 千克 / 亩。

产量水平 1000 ~ 2000 千克 / 亩，氮肥（N）4 ~ 8 千克 / 亩，相当于尿素 9 ~ 18 千克 / 亩；磷肥（P_2O_5）1.5 ~ 3.0 千克 / 亩，相当于磷酸二铵 3.3 ~ 6.6 千克 / 亩；钾肥（K_2O）3 ~ 5 千克 / 亩，相当于硫酸钾 5.8 ~ 9.6 千克 / 亩。

六、设施芹菜

（一）施肥原则

针对设施芹菜氮肥施用过量、施肥比例不合理等问题，提出以下施肥原则。

1. 有机无机搭配使用

底肥应施用充分腐熟的农家肥或商品有机肥，并施用低磷复合肥。

2. 适当调整底肥追肥比例

养分含量较低的新菜田底肥追肥比例应为 6∶4；土壤肥力较高的老菜田，由于土壤中本身养分含量较高，建议适当降低底肥比例，增加追肥比例。全生育期追肥 3 ~ 4 次，在 5 ~ 6 叶时开始第 1 次追肥，追肥结合灌溉施入，每次追肥间隔 10 ~ 15 天。

3. 合理搭配养分比例

芹菜适宜的氮磷钾比例为 1∶0.5∶1.4，芹菜对氮肥需求量最大，钙、钾肥次之，磷、镁肥相对较少；生长前期应注重氮肥施用，后期应注重钾肥施用。

4. 注重中微量元素使用

注重硼肥施用，芹菜需硼较多，缺硼或由于高温、低温、干旱等原因使硼的吸收受到抑制时，叶柄易发生“劈裂”，出现茎折病，叶面喷施 0.2% 硼砂溶液或追施含硼的水溶肥料，可在一定程度上避免茎裂的发生；芹菜缺钙会发生心腐病，可用糖醇钙、氨基酸钙等吸收率高的新型钙肥进行叶面喷施，或者随水追施 1 次硝酸钙或硝酸铵钙等传统钙肥，15 ~ 20 千克 / 亩。

（二）施肥建议

根据目标产量不同，氮磷钾的养分建议用量如下。

产量水平 8 000 ~ 10 000 千克 / 亩，氮肥（N）20 ~ 25 千克 / 亩，相当于尿素 43 ~ 54 千克 / 亩；磷肥（P_2O_5）10 ~ 13 千克 / 亩，相当于磷酸二铵 22 ~ 28 千克 / 亩；钾肥（K_2O）25 ~ 30 千克 / 亩，相当于硫酸钾 48 ~ 58 千克 / 亩。

产量水平 6 000 ~ 8 000 千克 / 亩，氮肥（N）15 ~ 20 千克 / 亩，相当于尿素 33 ~ 43 千克 / 亩；磷肥（P_2O_5）8 ~ 10 千克 / 亩，相当于磷酸二铵 17 ~ 22 千克 / 亩；钾肥（K_2O）20 ~ 25 千克 / 亩，相当于硫酸钾 38 ~ 48 千克 / 亩。

产量水平 4 000 ~ 6 000 千克 / 亩，氮肥（N）10 ~ 15 千克 / 亩，相当于尿素 22 ~ 33 千克 / 亩；磷肥（P_2O_5）5 ~ 8 千克 / 亩，相当于磷酸二铵 11 ~ 17 千克 / 亩；钾肥（K_2O）15 ~ 20 千克 / 亩，相当于硫酸钾 29 ~ 38 千克 / 亩。

七、露地大白菜

（一）施肥原则

针对农户在白菜生产中存在施肥过量，偏施氮肥、磷钾肥和中微量元素不足等问题，结合施肥参数，提出以下施肥原则。

1. 合理搭配养分比配

依据土壤肥力条件、目标产量和养分吸收比例，优化氮磷钾肥用量，大白菜氮磷钾吸收比例为 1 ：（0.2 ~ 0.4）：（1.2 ~ 1.3）。

2. 在施用底肥的基础上，底肥追肥相结合

追肥以氮钾肥为主，适当补充微量元素。

3. 注意追肥时期

莲座期之后加强追肥管理，包心前期需要增加 1 次追肥，采收前两周不宜追氮肥。

4. 适量补充中微量营养元素

石灰性土壤有效硼含量较低，大白菜是喜钙作物，因此应注意硼肥、钙肥的适量补充。除了基施含钙肥料外，还可采取叶面喷施的方法，喷施 0.3% ~ 0.5% 的硝酸钙溶液或糖醇钙。

（二）施肥建议

依据土壤有机质、碱解氮、有效磷、速效钾含量，可将种植大白菜的土壤肥

力水平分为极高、高、中、低、极低等级（表 5-15）。

按照土壤肥力水平，不同目标产量的养分施用总量如下。低肥力地块建议将养分总量的 30% 作底肥，莲座期和结球前期结合灌溉分别按 30% 和 40% 分两次作追肥施用；中高肥力地块建议将养分总量的 20% 作底肥，莲座期和结球前期结合灌溉分别按 30% 和 50% 分两次作追肥施用。

1. 低（极低）肥力土壤

（1）产量水平 2000 ~ 3000 千克 / 亩，在底施有机肥的基础上，建议施用养分总量为 21.3 ~ 26.7 千克，其中氮肥（N）7.7 ~ 10.2 千克 / 亩，磷肥（P_2O_5）4.4 ~ 4.9 千克 / 亩，钾肥（K_2O）8.9 ~ 11.7 千克 / 亩。

（2）产量水平 3000 ~ 4000 千克 / 亩，在底施有机肥的基础上，建议施用养分总量为 26.7 ~ 32.2 千克，其中氮肥（N）10.2 ~ 12.5 千克 / 亩，磷肥（P_2O_5）4.9 ~ 5.3 千克 / 亩，钾肥（K_2O）11.7 ~ 14.4 千克 / 亩。

（3）产量水平 4000 ~ 5000 千克 / 亩，在底施有机肥的基础上，建议施用养分总量为 32.2 ~ 37.7 千克，其中氮肥（N）12.5 ~ 14.7 千克 / 亩，磷肥（P_2O_5）5.3 ~ 5.8 千克 / 亩，钾肥（K_2O）14.4 ~ 17.2 千克 / 亩。

2. 中肥力土壤

（1）产量水平 3500 ~ 5000 千克 / 亩，在底施有机肥的基础上，建议施用养分总量为 25.7 ~ 32.8 千克，其中氮肥（N）10.0 ~ 12.8 千克 / 亩，磷肥（P_2O_5）4.4 ~ 5.0 千克 / 亩，钾肥（K_2O）11.4 ~ 15.0 千克 / 亩。

（2）产量水平 5000 ~ 6500 千克 / 亩，在底施有机肥的基础上，建议施用养分总量为 32.8 ~ 40.0 千克，其中氮肥（N）12.8 ~ 15.7 千克 / 亩，磷肥（P_2O_5）5.0 ~ 5.7 千克 / 亩，钾肥（K_2O）15.0 ~ 18.5 千克 / 亩。

（3）产量水平 6500 ~ 8000 千克 / 亩，在底施有机肥的基础上，建议施用养分

表 5-15　大白菜土壤肥力分级

丰缺等级	有机质 /（克 / 千克）（权重 0.4）	碱解氮 /（毫克 / 千克）（权重 0.15）	有效磷 /（毫克 / 千克）（权重 0.15）	速效钾 /（毫克 / 千克）（权重 0.3）	综合评分
极高	＞25.9	＞125	＞98	＞194	80 ~ 100
高	19.9 ~ 25.9	102 ~ 125	51 ~ 98	124 ~ 194	60 ~ 80
中	15.3 ~ 19.9	83 ~ 102	26 ~ 51	80 ~ 124	40 ~ 60
低	11.8 ~ 15.3	68 ~ 83	14 ~ 26	51 ~ 80	20 ~ 40
极低	＜11.8	＜68	＜14	＜51	0 ~ 20

总量为 40 ~ 47 千克，其中氮肥（N）15.7 ~ 18.7 千克 / 亩，磷肥（P_2O_5）5.7 ~ 6.3 千克 / 亩，钾肥（K_2O）18.5 ~ 22.0 千克 / 亩。

3. 高（极高）肥力土壤

（1）产量水平 5000 ~ 6500 千克 / 亩，在底施有机肥的基础上，建议施用养分总量为 28 ~ 34 千克，其中氮肥（N）11.0 ~ 13.4 千克 / 亩，磷肥（P_2O_5）4.3 ~ 4.8 千克 / 亩，钾肥（K_2O）12.7 ~ 15.8 千克 / 亩。

（2）产量水平 6500 ~ 8000 千克 / 亩，在底施有机肥的基础上，建议施用养分总量为 34 ~ 40 千克，其中氮肥（N）13.4 ~ 15.9 千克 / 亩，磷肥（P_2O_5）4.8 ~ 5.3 千克 / 亩，钾肥（K_2O）15.8 ~ 18.8 千克 / 亩。

（3）产量水平 8000 ~ 10000 千克 / 亩，在底施有机肥的基础上，建议施用养分总量为 40.0 ~ 46.4 千克，其中氮肥（N）15.9 ~ 18.4 千克 / 亩，磷肥（P_2O_5）5.3 ~ 6.0 千克 / 亩，钾肥（K_2O）18.8 ~ 22.0 千克 / 亩。

第三节　特色作物施肥方案

一、土壤栽培草莓

（一）草莓施肥基本原则

草莓每株植株所吸收的 N、P_2O_5、K_2O 分别为 0.58 ~ 0.65 克、0.42 ~ 0.45 克和 1.11 ~ 1.12 克。整个生育期植株对 N、P_2O_5、K_2O 的吸收比率为 1 ∶ 0.71 ∶ 1.97，不同的器官中养分比例情况有所不同，苗期和现蕾期为茎叶（植株所有茎叶）＞根部＞花果；现蕾期之后为茎叶＞花果＞根部。不同生育阶段养分吸收情况不同，养分吸收的高峰为苗期到现蕾期和结果中、后期，分别占比 23%、26% 和 28%，因此，这 3 个时期是保证果实产量和品质的关键时期，需注意养分科学供应。草莓的田间栽培照片见图 5–1 和图 5–2。

根据北京市日光温室草莓的养分需求规律和土壤肥力现状，在调研主产区用肥的基础上，针对常规生产中存在化肥用量偏高，养分投入比例不合理，土壤氮、磷、钾养分积累明显等问题，结合草莓施肥参数，提出以下施肥原则。

1. 合理施用有机肥

可多种类型有机肥掺混施用，按土壤有机质含量确定有机肥用量，有机肥要经过充分腐熟，以避免烧苗并减少病虫害在土壤中的滋生。在耕作过程中结合深翻施肥，使土、肥充分混合，疏松土壤、减轻板结，改善土壤物理结构，并减少

图 5–1　土壤栽培草莓定植

养分在土壤表层的积聚。

2. 合理运筹养分供给

根据作物产量、茬口及土壤肥力合理施肥，减少底肥化肥用量，追肥宜“少量多次”。根据植株长势追肥；开花期若遇到低温适当补充磷肥；促植株生长肥料宜选用中氮低磷中钾的水溶肥；结果初期—中期宜选择中氮低磷高钾水溶肥；着色—成熟期宜选择低氮低磷高钾水溶肥。

图 5–2　土壤栽培草莓定植后缓苗

3. 注重补充中微量元素

草莓整个生育期各养分的需求量大小顺序依次为钾、氮、钙、镁、磷、铁、锰、硼、锌、铜；中、微量元素的补充可采取微灌和叶面喷施的方式施入。高钾土壤和果实成熟期过量施高钾水溶肥易诱发缺镁的现象，注意适量补充镁肥。可选用硝酸钙、硫酸镁和螯合铁等微肥。

4. 注重改良土壤

土壤退化的老棚宜施含腐植酸肥和促生菌的生物有机肥，同时需进行秸秆还田或施用高碳氮比的有机肥，如秸秆类、牛粪、羊粪等，少施畜禽粪肥，降低养分富集，增加轮作次数，同时严格土壤消毒，以避免连作障碍，达到消除土壤盐渍化和减轻连作障碍的目的。

（二）肥料大配方选择

根据草莓的养分需求规律和土壤肥力现状，提出了底肥和追肥推荐的大配方，追肥也推荐施用含腐植酸、氨基酸等生物刺激素的水溶肥料，具体见表5–16。

表5–16　草莓底肥和追肥推荐和选用配方

时期	推荐配方（N–P_2O_5–K_2O）	选用配方（N–P_2O_5–K_2O）	备注
底肥	18–9–18	15–12–18、15–7–26、16–7–22、15–10–15、15–5–20、16–10–20等	根据地力情况酌情施用
苗期—开花期追肥	20–10–20	22–8–22等	可选择养分比例相近的含氨基酸、含腐植酸或有机无机水溶肥料
结果期追肥	16–6–32	15–7–30、18–7–35、16–8–34、15–5–35、16–6–30等	

（三）设施草莓施肥建议

设施草莓施肥建议见表5–17。

二、设施西瓜

西瓜生长期较短，产量较高，在较短时间内吸收大量养分，同时对营养的要求比较全面，如果营养不足或养分比例不当，则严重影响品质。吸收的营养元素为氮、磷、钾、钙、镁及少量微量元素。

（一）西瓜养分吸收特点

郭亚雯等（2020）研究表明每形成1000千克经济产量氮（N）、磷（P_2O_5）、钾（K_2O）养分需求量平均分别为1.42千克、0.82千克和3.39千克。西瓜对氮、磷、钾三要素的吸收，总体以钾最多，氮次之，磷最少；不同生长阶段也有区别，营养生长期需氮多，生殖生长期需磷、钾比例升高，整个生育期大中果型西瓜（华欣）吸收N：P_2O_5：K_2O平均为1.00：0.61：2.37，小型西瓜（早春红玉）吸收N：P_2O_5：K_2O平均为1.00：0.29：1.62（诸海焘，2014）。

西瓜对氮、磷、钾三要素的吸收基本上与植株干物质量的增长相平衡。发芽

表 5–17　草莓微灌施肥建议

目标产量	P_2O_5–K_2O 养分总量	底肥	追肥（苗期—开花期）	追肥（结果期）	
2 500 ~ 3 000	总养分 30 ~ 36 千克 / 亩。其中 N 10 ~ 12 千克 / 亩，P_2O_5 7.5 ~ 9 千克 / 亩，K_2O 12.5 ~ 15 千克 / 亩	土壤中有机质高于 3%，可不施底肥；有机质含量 2% ~ 3%，可施腐熟畜禽粪肥 1 ~ 2 米^3/ 亩或商品有机肥 0.5 ~ 1.0 吨 / 亩；有机质含量低于 2%，施腐熟畜禽粪肥 1 ~ 2 米^3/ 亩或商品有机肥 1 吨 / 亩或生物有机肥 0.5 吨 / 亩，及复合肥（18–9–18，或类似配方）10 ~ 15 千克 / 亩	开花前 20 天开始，每 5 ~ 7 天追施 1 次平衡水溶肥（20–10–20，或类似配方），每次 2 ~ 3 千克 / 亩。扣棚保温后，根据植株长势冲施 1 ~ 2 千克磷酸二氢钾	进入结果期，特别是果实膨大期后，每 7 ~ 10 天追施 1 次高钾水溶肥（16–6–32，或类似配方）2.5 ~ 3.0 千克 / 亩	每茬果实采收后根据植株长势追施 1 次（20–10–20，或类似配方）水溶肥 2 千克，促进植株生长。坐果后每 15 ~ 20 天补充 1 次全水溶性硝酸钙，每次 2 ~ 3 千克 / 亩；每序花期随水微灌追施 0.5 千克 / 亩硼砂或叶面喷施 0.2% 硼砂溶液 1 次；若出现新叶黄化缺铁症状，注意补充螯合铁肥，钾肥施用过多会出现叶脉间失绿缺镁症状，注意调减钾肥用量并适当滴灌镁肥
2 000 ~ 2 500	总养分 24 ~ 30 千克 / 亩。其中 N 8 ~ 10 千克 / 亩，P_2O_5 6 ~ 7.5 千克 / 亩，K_2O 10 ~ 12.5 千克 / 亩	土壤中有机质高于 3%，可不施底肥；有机质含量 2% ~ 3%，可施腐熟畜禽粪肥 1 ~ 2 米^3/ 亩或商品有机肥 0.5 ~ 1.0 吨 / 亩；有机质含量低于 2%，施腐熟畜禽粪肥 1 ~ 2 米^3/ 亩或商品有机肥 1 吨 / 亩或生物有机肥 0.5 吨 / 亩，及复合肥（18–9–18，或类似配方）8 ~ 10 千克 / 亩	开花前 20 天开始，每 5 ~ 7 天追施 1 次平衡水溶肥（20–10–20，或类似配方），每次 2 千克 / 亩。扣棚保温后，根据植株长势冲施 1 ~ 2 千克磷酸二氢钾	进入结果期，特别是果实膨大期后，每 7 ~ 10 天追施 1 次高钾水溶肥（16–6–32，或类似配方）2.0 ~ 2.5 千克 / 亩	

期吸收量极小；幼苗期约占总吸收量的 0.54%；伸蔓期植株干重迅速增长，矿质营养吸收量增加，约占总吸收量的 14.66%；坐果期、果实生长盛期吸收量最大，约占全期的 84.18%；变瓤期由于基部叶衰老脱落及组织中养分含量降低，植株氮、磷、钾吸收量出现负值。

养分吸收规律是进行科学施肥的依据，西瓜的需肥量虽然比较大，但本身根系比较脆弱，容易因肥力过大而使根系烧坏。西瓜从幼苗到成熟的整个生长过程，对于各种肥料的吸收有着不同程度的变化，可以根据不同时期对肥料的不同需求将其分为以下 3 个生长阶段。

幼苗期。从第一片真叶显露到团棵的阶段，地上部生长较为缓慢，对于养分的吸收量比较小。

伸蔓期。从团棵到主蔓第二雌花开花的阶段，对养分的吸收相比幼苗期有很大提高，该阶段要前促后控，提苗促秧扩大同化面积，同时要平衡营养生长与生殖生长的关系，追肥量占肥料总量的 10% ~ 15%。

结果期。从第二雌花开花到果实生理成熟的阶段，对肥水的需要达到最高峰，干物质积累量约占据总量的 70%，追肥量占化肥总用量的 60% ~ 65%；从西瓜定个到果实成熟，对肥料的吸收又开始出现下降。

（二）施肥基本原则

1. 合理施用有机肥

有机肥可改善土壤结构，提高肥效，使西瓜根系发达，减少土传病害的发生，对提高西瓜的产量和提升品质有明显的作用。使用有机肥要经过充分腐熟，以避免烧苗并减少病虫害在土壤中的滋生。在耕作过程中结合深翻施肥，使土、肥充分混合。连年种植的设施土壤养分较高，不可忽视有机肥的养分含量，要合理施用，有机质高于 3% 的地块，可施腐熟农家肥 1 米^3/ 亩或商品有机肥 0.5 吨 / 亩；有机质含量为 2% ~ 3% 时，可施腐熟农家肥 2 ~ 3 米^3/ 亩或商品有机肥 1.0 ~ 1.5 吨 / 亩；有机质含量低于 2%，可施腐熟农家肥 3 ~ 4 米^3/ 亩或商品有机肥 2 吨 / 亩；有机肥施用应符合 NY/T 1868—2021 的规定。

2. 科学施用化肥

科学施肥要根据不同化肥的利用率和土壤的养分状况以及西瓜的养分需求规律而进行合理的规划和调整，在合适的时间，应用合适的肥料种类，在作物合适的位置，使用合适的量，有利于西瓜品质和产量的提升。一方面要控制用肥总量，目标亩产量 4 000 千克，中等肥力土壤条件下建议大型西瓜和小型西瓜氮磷钾养分总用量分别不超过 41 千克和 35 千克;另一方面，减少基施化肥，以“少量多次”水肥一体追施为主，追肥占全生育期化肥需求总量的 70% ~ 80%。

3. 注重中微量元素肥

中量元素钙、镁、硫，微量元素锌、硼、锰等，在西瓜体内虽然含量少，但起着重要作用。当缺乏时，会引起作物代谢混乱，使其生长发育受影响，注意适量补充。

4. 搭配使用生物刺激素类新型肥料

促生菌、腐植酸、海藻酸、氨基酸等生物刺激素类新型肥料可改善土壤环境，促进根系生长，提升植株抗性，提高产量及品质。例如，哈茨木霉菌在生物防治、促进植物生长、改善品质、提高耐盐等方面均有效果，可以在苗期、定植时和结果期随水微滴灌使用以提升植株抗病性；氨基酸类生物刺激素，常见有动物源鱼蛋白肥或植物源小肽肥，有易被作物叶片和根系等部位吸收的特点，利用其巨大的表面活性和吸附保持能力，加入植物生长发育所需的含大量、中量、微量元素的肥料，养分含量高、营养全、肥效快、吸收利用率高，可提高产量和品质，可以在结果期配合使用。

（三）设施西瓜施肥方案

设施西瓜施肥方案见表 5-18。

表 5-18　设施中肥力地块西瓜结果期用肥建议（目标产量 4 000 千克 / 亩）

作物类型	时期		建议配方 $N-P_2O_5-K_2O$（或类似配比）	亩用量 / 千克	备注
小果型西瓜	底肥		18-9-18	15 ~ 18	亩施腐熟农家肥 2 ~ 3 米^{3}或商品有机肥 1.0 ~ 1.5 吨
	追肥	伸蔓期	20-5-25+TE 和海藻酸水溶肥	2 ~ 3、4 ~ 5	
		授粉后 7 ~ 10 天	20-10-20+TE	20	
		授粉后 15 ~ 18 天	15-5-30+TE	16 ~ 17	可配施氨基酸类水溶肥
		授粉后 23 ~ 26 天	15-5-30+TE	14 ~ 15	
大中果型西瓜	底肥		18-9-18	19 ~ 20	亩施腐熟农家肥 2 ~ 3 米^{3}或商品有机肥 1.0 ~ 1.5 吨
	追肥	伸蔓期	18-5-27+TE 和海藻酸水溶肥	3 ~ 4、4 ~ 5	
		授粉后 7 ~ 10 天	20-10-20+TE	13 ~ 14	
		授粉后 15 ~ 18 天	16-6-32+TE	16 ~ 18	可配施氨基酸类水溶肥
		授粉后 23 ~ 26 天	16-6-32+TE	15 ~ 17	

图 5–3　薄皮甜瓜

三、设施甜瓜

（一）甜瓜养分吸收特点

图 5–4　光皮厚皮甜瓜

甜瓜是瓜类中熟性早晚差异最大、变异最多的植物。不同类型、不同品种的甜瓜的生育期长短差异很大。薄皮甜瓜（图 5–3）的早熟品种，全生育期仅 65 ~ 70 天；厚皮甜瓜（图 5–4）的早熟品种为 85 天左右，而厚皮甜瓜的晚熟品种如新疆的青皮红肉哈密瓜（图 5–5），全生育期长达 150 天。世界上各种类型、品种的甜瓜，虽然生育期的长短差异甚大，但从播种出苗到第一雌花开放的时

图 5–5　哈密瓜

间却相差不大，一般都在 48 ~ 55 天。虽然各类甜瓜生育期长短不同，但都要经历相同的生长发育阶段，即发芽期、幼苗期、伸蔓期、开花期和结果期。甜瓜田间生产照片见图 5-6。

研究表明，薄皮甜瓜全生育期吸收 N ：P_2O_5 ：K_2O 平均为 1 ：0.44 ：1.95，厚皮光皮甜瓜全生育期吸收 N ：P_2O_5 ：K_2O 为 1 ：0.49 ：1.83，哈密瓜全生育期吸收 N ：P_2O_5 ：K_2O 为 1 ：0.53 ：2.98；甜瓜是喜钾作物，对钾的吸收量最高，氮次之，磷最少。

（二）施肥基本原则

1. 合理施用有机肥

甜瓜属直根系植物，根系发达，吸收力强，最适宜土层深厚、有机质丰富、透气性好的壤土。有机肥是栽培甜瓜比较重要的肥料，可以疏松土壤、减轻板结，改善土壤物理结构，并减少养分在土壤表层的积聚。使用有机肥要经过充分腐熟，以避免烧苗并减少病虫害在土壤中的滋生。在耕作过程中结合深翻施肥，使土、肥充分混合。

图 5-6　甜瓜田间生产照片

2. 合理运筹养分供给

施肥时期和方法，各地各有不同，建议根据甜瓜的目标产量、设施茬口及土壤肥力合理施肥，连年种植的设施地力养分含量较高。一方面要控制用肥总量，目标亩产量3500千克，中等地力地块建议氮磷钾养分总用量不超过35～42千克（不同类型甜瓜施肥量有区别）；另一方面，减少基施化肥以“少量多次”追肥为主，伸蔓期追施全生育期化肥需求总量的5%～10%，结果期是果实膨大产量形成的关键时期，对水肥的需求达到最大峰，建议在结果前期追施全生育期化肥需求总量的20%～30%，结果中期追施全生育期化肥需求总量的30%～40%。

3. 注重补充中微量元素

中、微量元素对甜瓜的生长发育很重要，一旦缺乏，会引起作物代谢混乱、生长发育受阻，如钙参与体内糖和氮代谢，减轻生理病害的发生；镁是叶绿素的组成元素之一，参与磷酸和糖的转化；硼是开花期敏感元素，缺乏容易影响坐瓜；高钾土壤和果实成熟期过量施高钾水溶肥易诱发缺镁的现象。追肥要适量补充中微量营养元素肥料。

4. 搭配使用生物刺激素类新型肥料

促生菌、腐植酸、海藻酸、氨基酸等生物刺激素类新型肥料可改善土壤环境，促进根系生长，提升植株抗性，提高产量及品质。例如，海藻酸水溶肥富含海藻酸、微量元素、有机质和细胞分裂素等多种物质，可以促进根系发育，提高根系活力。可以选择在伸蔓期追施海藻酸水溶肥，能保持植株营养生长健壮且不徒长。

（三）设施甜瓜施肥方案

设施甜瓜施肥方案见表5-19。

表5-19 设施中肥力地块甜瓜结果期用肥建议（目标产量3 500千克/亩）

类型	时期	建议配方 $N-P_2O_5-K_2O$（或类似配比）	亩用量/千克	备注
薄皮甜瓜	底肥	18-9-18	15～20	亩施腐熟农家肥2～3米^{3}或有机肥1.5～2.0吨
	伸蔓期	20-10-20+TE和海藻酸水溶肥	3～4、4～5	
	结果前期	18-5-27+TE	8～9	可配施氨基酸类水溶肥
	结果中期	16-6-32+TE	19～20	分次施入

续表

类型	时期	建议配方 N–P_2O_5–K_2O（或类似配比）	亩用量 / 千克	备注
光皮厚皮甜瓜	底肥	18–9–18	15 ~ 20	亩施腐熟农家肥 2 米^{3}或有机肥 1.0 ~ 1.5 吨
	伸蔓期	20–10–20+TE 和海藻酸水溶肥	2 ~ 3、3 ~ 4	
	结果前期	15–5–30+TE	7 ~ 8	可配施氨基酸类水溶肥
	结果中期	15–5–30+TE	14 ~ 15	分次施入
哈密瓜	底肥	18–9–18	15 ~ 20	亩施腐熟农家肥 1 米^{3}或有机肥 0.8 ~ 1.0 吨
	伸蔓期	15–5–30+TE 和海藻酸水溶肥	5 ~ 6、3 ~ 4	
	结果前期	15–5–38+TE	8 ~ 9	可配施氨基酸类水溶肥
	结果中期	15–5–38+TE	18 ~ 20	分次施入

参考文献

郭亚雯，崔建钊，孟延，等，2020. 设施早熟西瓜和甜瓜的化肥施用现状及减施潜力 [J]. 植物营养与肥料学报，26(5):11.DOI:10.11674/zwyf.19317.

诸海焘，蔡树美，余廷园，等，2014. 中小型西瓜不同生育期对氮磷钾的吸收分配规律研究 [J]. 上海农业学报，000(003):62–65.DOI:10.3969/j.issn.1000–3924.2014.03.015.

附　录

附表 1　常用肥料产品标准

序号	标准号	通用名称
1	GB/T 37918—2019	肥料级氯化钾
2	GB 20287—2006	农用微生物菌剂
3	GB 20413—2017	过磷酸钙
4	GB/T 10205—2009	磷酸一铵、磷酸二铵
5	GB/T 10510—2007	硝酸磷肥、硝酸磷钾肥
6	GB/T 15063—2020	复合肥料
7	GB/T 17419—2018	含有机质叶面肥料
8	GB/T 17420—2020	微量元素叶面肥料
9	GB/T 18877—2020	有机无机复混肥料
10	GB/T 20406—2017	农业用硫酸钾
11	GB/T 20412—2021	钙镁磷肥
12	GB/T 20782—2006	农业用含磷型防爆硝酸铵
13	GB/T 21633—2020	掺混肥料（BB 肥）
14	GB/T 21634—2020	重过磷酸钙
15	GB/T 23348—2009	缓释肥料
16	GB/T 2440—2017	尿素
17	GB/T 26568—2011	农业用硫酸镁
18	GB/T 29401—2020	硫包衣尿素
19	GB/T 2945—2017	硝酸铵
20	GB/T 2946—2018	氯化铵
21	GB/T 33804—2017	农业用腐植酸钾
22	GB/T 34319—2017	硼镁肥料
23	GB/T 34763—2017	脲醛缓释肥料
24	GB/T 35113—2017	稳定性肥料
25	GB/T 37918—2019	肥料级氯化钾
26	GB/T 535—2020	肥料级硫酸铵
27	GB/T 20784—2018	农业用硝酸钾
28	GB/T 20937—2018	硫酸钾镁肥
29	GB/T 3559—2001	农业用碳酸氢铵

续表

序号	标准号	通用名称
30	GB/T 36207—2018	硅钙钾镁肥
31	HG/T 2321—2016	肥料级磷酸二氢钾
32	HG/T 2427—2021	肥料级氰氨化钙
33	HG/T 2598—1994	钙镁磷钾肥
34	HG/T 3275—1999	肥料级磷酸氢钙
35	HG/T 3277—2000	农业用硫酸锌
36	HG/T 3278—2018	腐植酸钠
37	HG/T 3790—2016	农业用硝酸铵钙
38	HG/T 3826—2006	肥料级商品磷酸
39	HG/T 4135—2010	稳定性肥料
40	HG/T 4137—2010	脲醛缓释肥料
41	HG/T 4214—2011	脲铵氮肥
42	HG/T 4215—2011	控释肥料
43	HG/T 4217—2011	无机包裹型复混肥料（复合肥料）
44	HG/T 4219—2011	磷石膏土壤调理剂
45	HG/T 4365—2012	水溶肥料
46	HG/T 4580—2013	农业用硝酸钙
47	HG/T 4848—2016	尿素－硝酸铵溶液
48	HG/T 4851—2016	硝基复合肥料
49	HG/T 4852—2016	农业用硝酸铵钾
50	HG/T 5045—2016	含腐植酸尿素
51	HG/T 5046—2016	腐植酸复合肥料
52	HG/T 5048—2016	水溶性磷酸一铵
53	HG/T 5049—2016	含海藻酸尿素
54	HG/T 5050—2016	海藻酸类肥料
55	HG/T 5331—2018	含螯合微量元素复混肥料（复合肥料）
56	HG/T 5332—2018	腐植酸生物有机肥
57	HG/T 5333—2018	腐植酸微量元素肥料
58	HG/T 5334—2018	黄腐酸钾
59	HG/T 5514—2019	含腐植酸磷酸一铵、磷酸二铵
60	HG/T 5515—2019	含海藻酸磷酸一铵、磷酸二铵
61	HG/T 5516—2019	含硫酸脲复合肥料
62	HG/T 5517—2019	聚合物包膜尿素
63	HG/T 5519—2019	含肥效保持剂肥料
64	HG/T 5604—2019	硝基腐植酸

续表

序号	标准号	通用名称
65	HG/T 3733—2004	氨化硝酸钙
66	HG/T 4218—2011	改性碳酸氢铵颗粒肥
67	HG/T 4523—2013	硝酸铵溶液
68	HG/T 5518—2019	聚合物硫包衣尿素
69	HG/T 5602—2019	矿物源腐植酸有机肥料
70	NY 1106—2010	含腐植酸水溶肥料
71	NY 1107—2020	大量元素水溶肥料
72	NY 1428—2010	微量元素水溶肥料
73	NY 1429—2010	含氨基酸水溶肥料
74	NY 2266—2012	中量元素水溶肥料
75	NY 2268—2020	农业用改性硝酸铵及使用规程
76	NY 2269—2020	农业用硝酸铵钙及使用规程
77	NY 2670—2020	尿素硝酸铵溶液及使用规程
78	NY 410—2000	根瘤菌肥料
79	NY 411—2000	固氮菌肥料
80	NY 412—2000	磷细菌肥料
81	NY 413—2000	硅酸盐细菌肥料
82	NY 525—2021	有机肥料
83	NY 526—2002	水稻苗床调理剂
84	NY 527—2002	光合细菌菌剂
85	NY 609—2002	有机物料腐熟剂
86	NY 882—2004	硅酸盐细菌菌种
87	NY 884—2012	生物有机肥
88	NY/T 1111—2006	农业用硫酸锰
89	NY/T 1112—2006	配方肥料
90	NY/T 2596—2014	沼肥
91	NY/T 3041—2016	生物炭底肥料
92	NY/T 3083—2017	农用微生物浓缩制剂
93	NY/T 3618—2020	生物炭基有机肥料
94	NY/T 797—2004	硅肥
95	NY/T 798—2015	复合微生物肥料
96	NY/T 886—2022	农林保水剂
97	GB/T 33891—2017	绿化用有机基质
98	GB/T 30393—2013	制取沼气秸秆预处理复合菌剂
99	GB/T 536—2017	液体无水氨

续表

序号	标准号	通用名称
100	HG/T 2274—1995	钙镁磷肥用硅镁质半自熔性磷矿石
101	HG/T 2675—1995	钙镁磷肥用磷矿石
102	HG/T 3787—2005	工业硝酸钙
103	HG/T 4136—2010	高尔夫球场草坪专用肥和土壤调理剂
104	HG/T 4138—2010	稳定性同位素 ^{13}C- 尿素
105	HG/T 5171—2017	粒状中微量元素肥料
106	HG/T 5520—2019	化肥防结块剂
107	HG/T 5771—2020	肥料生产用硫酸
108	HG/T 5782—2020	腐植酸土壤调理剂
109	HG/T 5931—2021	肥料增效剂 腐植酸
110	HG/T 5932—2021	肥料增效剂 海藻酸
111	HG/T 5933—2021	腐植酸有机无机复混肥料
112	HG/T 5934—2021	黄腐酸中量元素肥料
113	HG/T 5935—2021	黄腐酸微量元素肥料
114	HG/T 5939—2021	肥料级聚磷酸铵
115	HG/T 6079—2022	腐植酸中量元素肥料
116	HG/T 6082—2022	生物质腐植酸有机肥料
117	LY/T 1970—2011	绿化用有机基质
118	NY 334—1998	增产菌粉剂
119	NY/T 2267—2016	缓释肥料 通用要求
120	NY/T 3034—2016	土壤调理剂 通用要求
121	NY/T 3504—2019	肥料增效剂 硝化抑制剂及使用规程
122	NY/T 3505—2019	肥料增效剂 脲酶抑制剂及使用规程
123	NY/T 3589—2020	颗粒状药肥技术规范
124	NY/T 3829—2021	含硅水溶肥料
125	NY/T 3830—2021	非水溶中量元素肥料
126	NY/T 3831—2021	有机水溶肥料 通用要求
127	QB/T 2849—2007	生物发酵肥
128	SB/T 10999—2013	蚕沙肥料